图书在版编目（CIP）数据

激发潜能的高效学习法 /（意）卡洛·卡赞，（意）索尼娅·斯卡尔科著；黄鑫，万晟彤译 . -- 北京：中信出版社，2021.4

（天才大脑训练营）

ISBN 978-7-5217-1639-9

Ⅰ . ①激… Ⅱ . ①卡… ②索… ③黄… ④万… Ⅲ . ①思维训练 – 少儿读物 Ⅳ . ① B80-49

中国版本图书馆 CIP 数据核字 (2020) 第 259883 号

Original title: ALLENAMENTE. Giochi, attività e trucchi per allenare il cervello

Text by Carlo Carzan and Sonia Scalco

Illustrations by Ignazio Fulghesu

Graphic design by Ignazio Fulghesu and Alessandra Zorzetti

The Work is published in agreement with Caminito S.a.s. Literary Agency

www.editorialescienza.it

www.giunti.it

The simplified Chinese edition is published by arrangement with Niu Niu Culture Limited.

激发潜能的高效学习法

（天才大脑训练营）

著　　者：[意] 卡洛 · 卡赞　[意] 索尼娅 · 斯卡尔科

绘　　者：[意] 伊尼亚齐奥 · 富尔盖苏

译　　者：黄鑫　万晟彤

出版发行：中信出版集团股份有限公司

（北京市朝阳区惠新东街甲4号富盛大厦2座　邮编　100029）

承 印 者：北京启航东方印刷有限公司

开　　本：787mm × 1092mm　1/16　　印　　张：6　　字　　数：150千字

版　　次：2021年4月第1版　　印　　次：2021年4月第1次印刷

京权图字：01-2020-7039

书　　号：ISBN 978-7-5217-1639-9

定　　价：38.00元

出　　品：中信儿童书店　　营销编辑：曹灵 郭慧

图书策划：火麒麟　　装帧设计：蔡璐

策划编辑：范萍 张倩　　内文排版：柒拾叁号工作室

责任编辑：邹绍荣

服务热线：400-600-8099

投稿邮箱：author@citicpub.com

激发潜能的高效学习法

天才大脑训练营

[意]卡洛·卡赞 [意]索尼娅·斯卡尔科 著

黄鑫 万晟彤 译

中信出版集团|北京

目录

让我们做好准备，一起训练大脑吧！

你好，
我是你的脑力教练，查理。

你相信吗，这绝对不仅仅是一本普通的书！
这会是你所见过的装备最先进的“训练馆”之一。通过阅读这本书，
你可以了解**训练大脑的许多诀窍。**

同我们身体的其他部位一样，要想充分发掘大脑的潜力，
就需要训练和实践。

你不想弄得大汗淋漓？

别担心，我们不需要哑铃和运动鞋，我们只需要**一起做游戏。**
是的，你没看错！我们就是要通过做游戏来训练你的大脑！
你要知道，无论在任何领域，要想取得成功，秘诀都是要多做练习，
甚至可能要做一些比较复杂的练习，最好能够乐在其中。
而游戏是最吸引人的学习方式。

想一想，
你曾经从游戏中学到过什么呢？

现在拿出一支笔和一张纸写一份清单吧，这对你很有用。

这就是我们的训练方式。

我们把这本书分成了
四个部分，
它们将会交替出现：

· 紫色标题框下的内容
是介绍大脑及其功能；

· 红色标题框下的内容
是帮助大脑学习的工具和方法；

· 绿色标题框下的内容
是大脑能力训练方法。

那么游戏在哪儿呢？

很简单，每次你发现蓝色的区域，
就是到了做游戏、考验你头脑的时候啦！

你准备好了吗？

那就翻到下一页，
去深入了解我们的大脑吧！

大脑是如何运转的

什么是大脑

举起一只手臂。

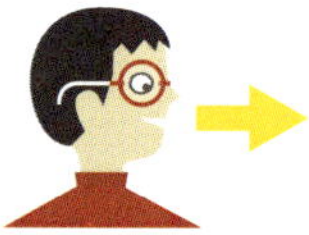

把头转向右边。

想一种颜色。

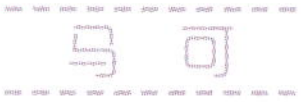

小声说出你的名字。

跳一跳。

想象一下你最爱吃的食物的味道。

所有这些行为都离不开人体最复杂的器官——大脑。

大脑的活动主要分为三个步骤：

1 从感觉器官接收信息。

2 用记忆解读所接收到的信息。

3 选择并发送正确的信息到身体的各个器官，从而让你能够思考、看、听、说、行动等等。

想要理解大脑是如何工作的，首先要了解它，然后加以运用，就像训练我们身体的其他部位一样。

字里行间

训练就是付诸行动。别只用眼睛看啦！拿出笔和纸，写下所有你能想到的与大脑相关的词语。你可以查字典、在网上搜索，你想花多少时间就花多少时间。你觉得这太容易啦？好吧，那么现在就开始计时吧，两分钟后，试着把你写出来的所有词语按第一个字的拼音首字母顺序排列一下吧。

大脑有重量

人类大脑的平均重量是 1.4 千克，大约是人体皮肤重量的两倍。这看起来似乎挺重的，但实际上，它就像身体其他部位一样，大部分是由水组成的。如果去掉水分的话，大脑的重量将不到 0.5 千克。

但并不是脑袋越大就越聪明，你只要观察一下动物就会明白了：骆驼的脑袋比狒狒的大，但这两种动物哪一个更聪明呢？

翻到第 94 页看看答案吧。

每个大脑都不同

猜猜每种动物的大脑有多重？试着用线连一连。

你来挑战一下吧！

大脑的组成

以下是四个指令:

环顾四周，你看到了什么呀？选一个物体，把它移动一下。从一数到十。不算耳朵，试着把你的脑袋划分成四个部分。

你完成上面的指令了吗？太棒了，你已经让大脑的**两个半球**活动起来啦。大脑的两个半球由**大脑纵裂**隔开，但却被**胼胝体**——这是一个非常密集的神经纤维束——连接起来，并通过它迅速交换信息。

接收并处理信息的两个大脑半球，一般可被分成**四个部分**，它们被称作**脑叶**。每一部分的功能都各不相同。

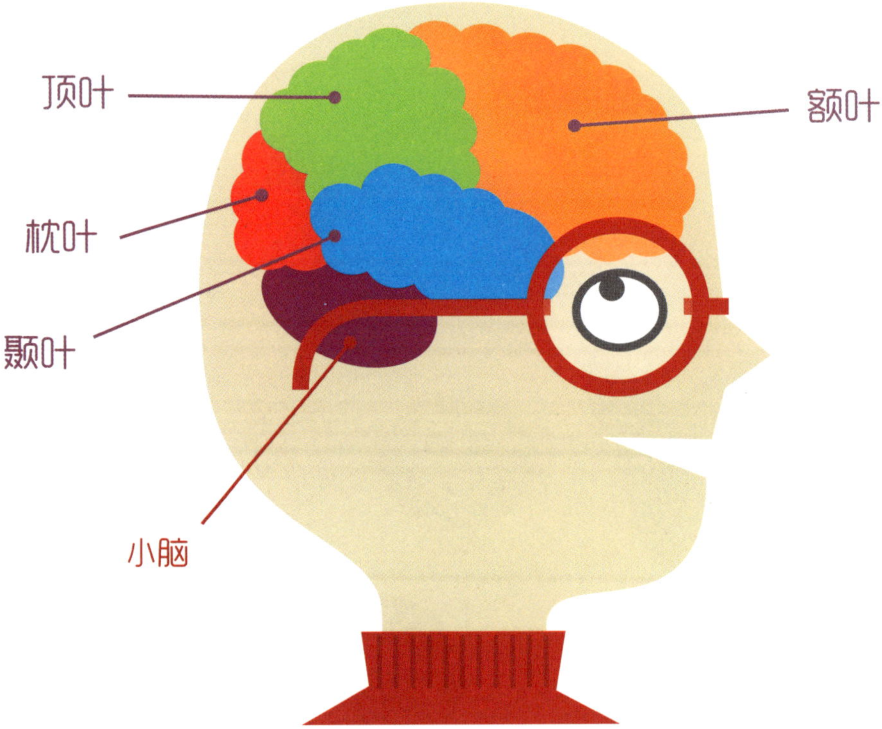

额叶

控制**肌肉与运动**，参与各种形式的**思维**活动和语言表达活动。

顶叶

处理感觉信息，识别并记忆形状，进行数学推理。

现在你来识别一下图中这些形状吧。

颞叶

负责处理听觉、语言信息，处理情绪，并进行学习和记忆。

现在，你尝试感受一下这些情绪吧。

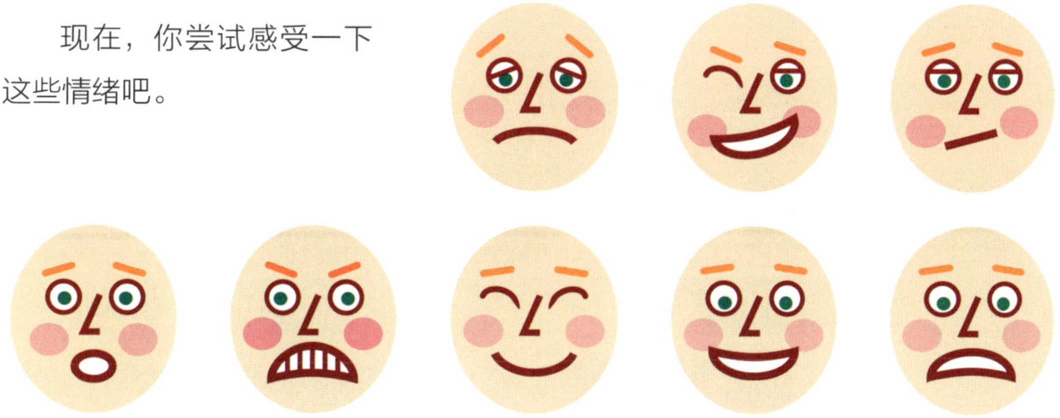

枕叶

主要负责视觉信息的处理与感知。

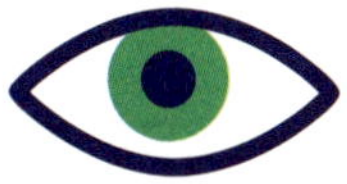

左半球

逻辑、理性与推理
语言与文字
一次只处理一件事
语言记忆
线性思考：连续操作
创建列表
数学计算
分类
关注细节
分解信息
辨别黑白
二维空间
定义工作方法
关注差异之处
设定目标
右耳，关注语言和话语细节
右眼，聚焦近距离视野
ABC
H_2O
$\sqrt{9}=3$
123

右半球
本能与直觉
绘画，音乐，唱歌，艺术，舞蹈
可同时处理多件事
幻想与做梦
洞察全局，帮助创建图表
精神上的，神圣的，神秘的
识别形状和体积
手势交流，情感交流
收集信息感知整体
辨别彩色
三维空间
视觉记忆
关注相似之处
关注现在（此时此地）
左耳，关注话语的整体
左眼，远距离视野，空间感

右还是左

神经科学是一门研究大脑与人类行为的关系的学科，我们每个人的大脑半球的运作方式都不一样。

科学家们为了研究人类大脑究竟是如何运转的，发明出了各种各样的测试，十分有趣。

下面就是一个有趣的测试，但你要明白，仅仅通过一个测试是不足以完全了解你的大脑是如何工作的！

按下面两种不同的方式仔细读一下这些汉字：

1 读出下列汉字　　**2** 读出下面汉字的颜色

黄	蓝	橙	黑	红	绿
棕	黄	红	橙	绿	黑
蓝	红	棕	绿	蓝	橙

如果读出汉字，对你来说更容易的话，那就意味着你更善于使用左脑。相反，如果你发现说出字的颜色更容易，这就说明你更常使用主管艺术的右脑。不过，你要记住一件重要的事情：虽然这大脑的左右半球是**相互独立**工作的，但为了确保能正确无误地看到事物的全貌，它们也是**相互协作**的。

神经元

数到一百、十万、一亿。

实际上，你需要用到一千亿甚至更大的数字才能数出你大脑中**神经元**的数量。我们身体内神经元的数量甚至远远超过了已知宇宙中的天体数量。相邻的神经元之间都是相互连接的，你可以试着把它们想象成房子里的砖块，它们相互交叠在一起，共同撑起墙壁。

神经元是用来收集、处理和传递神经冲动的细胞。每个神经元都有突起。其中一类突起叫作**树突**，树突可以接收来自其他神经元的冲动；如果你有机会与一个神经元面对面，你可能更容易认出另一类叫作**轴突**的突起，它看起来很像一根传导信息的电缆。

神经元之间的**连接结构**被称为突触。假如你有机会在这些**突触**之间航行的话，会感觉有点儿像在太空深处遨游。

突触与突触之间并没有直接相连，而是有一个**微小的间隙**。为了将信息传递过这个微小间隙，神经元将电信号转化为化学信号：轴突的终端释放出被称为**神经递质**的化学物质，我们可以把它看成是某种语言，尽管词汇量有限，但已足够为其他神经元提供详细指令。

然后，化学信息被转换成速度更快的**电信号**——可以达到400千米/小时，比一级方程式赛车还要快得多呢！

灰质

首先，我向你保证，这跟动画片中的外星人无关。

灰质是中枢神经系统的重要组成部分，由神经元组成。

你可以在**脊髓**和**大脑**中找到它。大脑中的灰质主要分布在大脑皮层，执行那些与思考和计算有关的活动等。你可能从来没有听说过，但在你的大脑中也有**白质**，它通过协调大脑不同区域的功能来控制神经元之间的信号传递。

我们的大脑比你想象的要复杂得多，不知道什么时候我们才能说我们已经真正了解它了。大脑还有很多其他的组成部分，比如丘脑、下丘脑和杏仁核，每一部分都具有用简单清晰的指令来调动复杂的器官运作的功能。

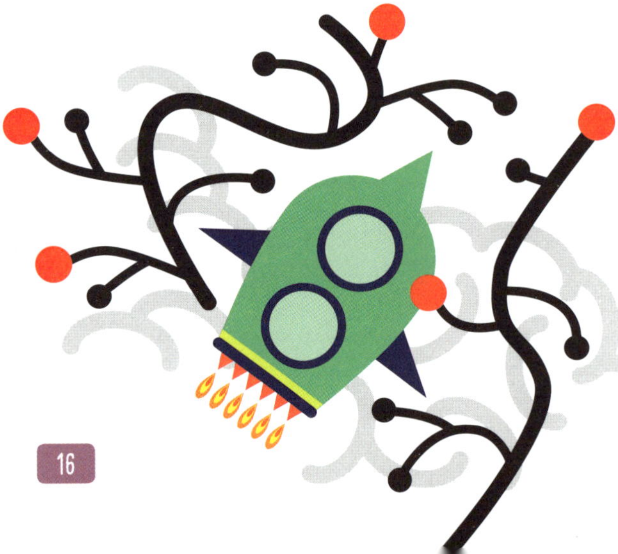

在接下来的几页中，我将与你一起探索训练大脑、开发大脑潜能所需要的方法。你的旅程将从一个大脑探索者需要知道的趣闻开始。

大脑趣闻

男人和女人对疼痛的感受截然不同。

大脑能够区分由自己的行为产生的感知和由他人行为而导致的感知。这就是为什么你挠自己痒痒却不会感到痒的原因！

大脑中没有痛觉感受器。

哈佛大学拥有7000个可供科学研究的大脑。

在英国，有人曾发现了一个保存良好的大约2000年前的大脑。

从出生的那一刻起就没有视觉的人，会梦到什么呢？最新研究表明，他们也会梦到图像。

我们大脑产生的能量足以点亮一个灯泡。

大脑对氧气的需求很大，消耗了我们体内约 20% 的氧气。

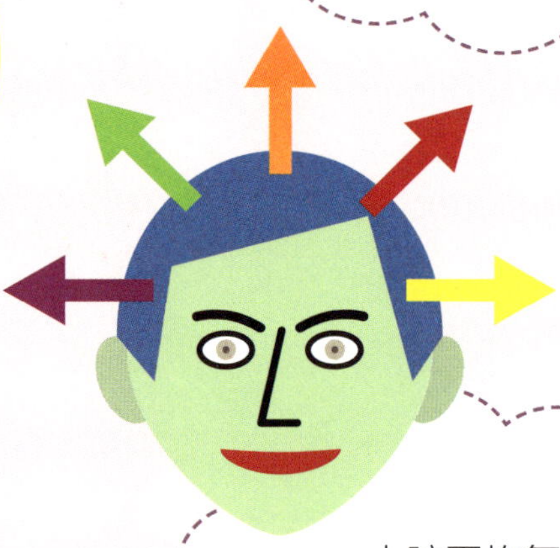

左撇子和双手都很灵巧的人的胼胝体——连接大脑两半球的物质——的体积，比平均值要大 11%。

大脑平均每天要“处理”70,000 个想法。

音乐有助于提高记忆力，但并不是说，你可以一边做数学作业一边听摇滚音乐哟。

计算机的内存是有限的，而大脑的“内存”则是无限的：一个人一生收录进去的信息都无法填满它。

新生儿的大脑，在出生的第一年里会长大 3 倍。

有的人一晚上会做 3 个梦，而有的人一晚上可以做 7 个梦。大脑的功能比电影院的多功能厅还好呢！

耳朵是如此完美，它能让我们识别任何音符。

当我们笑的时候，大脑的 5 个不同区域会同时被激活。

有些气味能让大脑得到舒缓，比如薰衣草的香味。

在爱因斯坦的大脑中，负责数学计算的区域远大于平均值。

大脑的运动机能

首先，把自己的大脑想象成一块大理石，而你则是一个雕塑家。

作为一名杰出的雕塑家，你的工作就是寻找技巧和策略来**雕刻**这块大理石，最重要的是，开发这块大理石——大脑的潜力。

为了使大脑保持良好的状态，你不仅要吃一些有营养的食物来为它提供能量，还要用阅读、写作、逻辑推理、数学、艺术、音乐等智力活动来训练它，当然啦，还要适当地做一些体育锻炼。

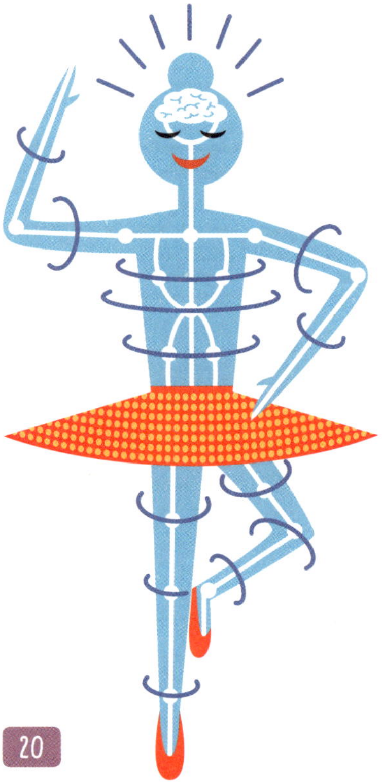

平衡能力

正是因为大脑在协调不同肌肉和骨骼的运动，你才能够行走并保持平衡。

你觉得这非常容易，
而且再正常不过了，是吗？

仔细想想，你就会发现这是一个**非常复杂的技能**。因为这需要精心协调全身的肌肉和骨骼才能让你的身体站稳。所有的肢体活动都需要我们神经系统中的细胞相互协调并且高度配合才能完成，而这些细胞又从肢体活动中获益。

平衡训练

你需要一条赛道，在家里就可以，用房间里的椅子、沙发和其他东西作为障碍物。然后你还需要一把勺子。

把勺子放在手背上，伸直双臂，开始向前走。你要保证：在勺子不掉下来的情况下，通过障碍物，到达终点。

记录你走完全程所用的时间，但勺子每掉下来一次都要再额外加上 5 秒，算作惩罚。

你可以通过多次尝试来挑战自己，也可以与朋友组织一场比赛，或者通过增加或改变放在手背上的物品来提高难度。

体育锻炼

运动是刺激**神经元**之间建立新连接的一个关键因素。

神经元之间通过**突触**相互交流，产生了数不清的连接。同时，这些交会点创造出了新的可供选择的神经通路，这就使我们大脑的结构和功能得以延展，从而变得更有**韧性**，并更具**可塑性**。

然而，只有当体育锻炼是**规律且持续进行**的时候，才能增强大脑的这种功能。事实上，在持续的体育活动结束时，人们会产生幸福舒适的感觉。这正是因为运动会激发 5- 羟色胺和去甲肾上腺素等对我们的身心健康极为有益的神经递质。

测测你的意志力

如果你想在学业上取得好成绩，还想留给自己更多的空闲时间，那么你就需要靠意志力来保持身体的最佳状态。

首先，让我们做一个小测试。

·你本来计划做运动的，但学习了一整天后，感觉非常累，于是，就宁愿坐在电视前放松，也不愿去活动一下了。	是	否
·有时候，因为天气很冷，你就不想去上学了。	是	否
·星期天，你宁愿整天穿着睡衣无所事事，也不愿换身衣服出去散散步。	是	否
·你每周花在体育运动上的时间还不到一个小时。	是	否
·你宁愿做一个体育运动的“旁观者”，也不愿做一个“实践者”。	是	否
·炸薯条是你最喜欢的美味零食。	是	否
·当你去拜访住在四楼的朋友时，总是乘电梯上去。	是	否

如果你至少**回答了三次“是”**，那就意味着你的意志力不够强。你需要**更加努力**地去改变你的生活方式，并且养成一种长期的良好的运动习惯。

训练日志

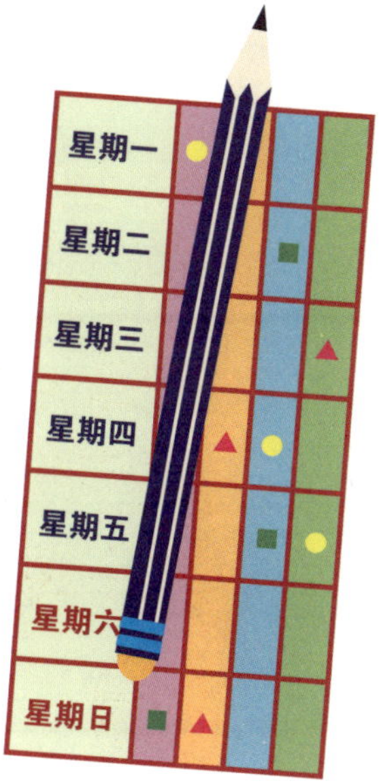

要想取得好的效果，你需要准备一个笔记本来写你的训练日志。你要努力增加对自己身体的注意力，然后记录运动过程中与运动之后你的**感觉**，以及你**遇到的问题**和你是**如何克服**的。

每次你写新的日志时，都和之前的日志比较一下。

这样，你将会更加了解自己，也可以知道自己是否已经准备好接受更高难度的锻炼了。另外，将自己的运动进展记录下来，也会增强自己的意志力，从而激励自己坚持下去。

记住，当我们聊到体育锻炼时，可不仅仅是指那些在健身房进行的锻炼，而是所有能使我们的身体活动起来的运动，比如：爬楼梯，而不乘坐电梯；每天至少步行 30 分钟；少玩手机，多运动。

河上的桥

邀请朋友和你一起玩吧。两人一组，每组准备两张报纸。目标是建造一座横跨河流的“纸桥”。

一个玩家扮演旅行者站在一张报纸上，而另一个人扮演工程师手里拿着另一张报纸。然后工程师把手里的报纸放在旅行者前面，让他可以踩着这张报纸往前走一步；接着工程师捡起旅行者原先踩的那张报纸，再把它放在旅行者前面，就这样，一直到终点。然后，两人角色互换，再往回走。

往返用时最短的那组选手获胜。

大脑的食粮

我奶奶总是这么说，还有我奶奶的奶奶，还有我奶奶的奶奶的奶奶，无论什么时候，她们总是这么说：

“健康的精神寓于健康的身体。”

也就是说，一颗健康的心灵需要一个健康的体魄。拉丁诗人尤纳利的这句广为人知的格言，让我们明白，要想拥有高效的头脑，必要前提是拥有一个健康的身体。

与食物有关的谚语

在日常生活中，有很多**谚语**都与食物有关。以下是三个意大利的谚语。

睡觉的人
抓不到鱼。

早起的鸟儿有虫吃。

没有盐的南瓜。

榆木脑袋。

就像把卷心菜
当下午茶一样。

牛头不对马嘴。

你来挑战一下吧！

你还能找到其他与食物有关的谚语吗？

大脑获得能量的方法

当食物填饱我们的肚子时，也给大脑提供了能量，我们的记忆力和学习能力得以苏醒。就像汽车一样，大脑也需要用合适的“燃料”来启动，才能发挥作用。

一起来看看哪些是适合你大脑的“燃料”吧！

早餐食谱

要想一上午都能精神饱满，可以吃一片涂有果酱的面包。丰富的水果加餐也是必不可少的，大多数**红色水果和颜色鲜艳的浆果**，如红醋栗、蓝莓或覆盆子等，都富含类黄酮——这是一种可以增强记忆的抗氧化剂。

午餐食谱

蔬菜含有丰富的抗氧化剂，有助于预防脑细胞损伤。面食和米饭是优质的**碳水化合物**，能帮助你提高记忆力和集中注意力。

晚餐食谱

鱼类含有 omega-3 脂肪酸，它是能够改善大脑功能并提高注意力的绝佳营养元素。像沙丁鱼或鲭鱼，都含有锌，锌在提高记忆力和认知能力方面发挥着重要作用。当然，还要吃一些**绿叶菜、豆类和水果**。

你的饮食每天都要有变化！

以上这些，再加上一些其他健康的食物，不仅能让你的大脑良好运转，还能让你的身体更加健康。

地中海饮食法

大约在 20 世纪 50 年代，美国医生安塞尔·凯斯发现，生活在地中海沿岸的人们，不仅身体健康，而且大多数很长寿，这可能主要与他们有着相似的饮食习惯有关。

今天，专家们更进一步的研究也证实了地中海饮食法的重要性和有效性。

地中海饮食法的三个原则：

1. 餐桌上有丰富的面食、绿叶菜、豆类和水果等。
2. 适量食用白肉、奶酪和鸡蛋。
3. 少量食用红肉。

由于图像能帮助我们的大脑更好地记住信息，所以仔细观察一下地中海饮食的食物金字塔：它展现了一个几乎完美的饮食结构，包括每天应该摄入的食物种类。

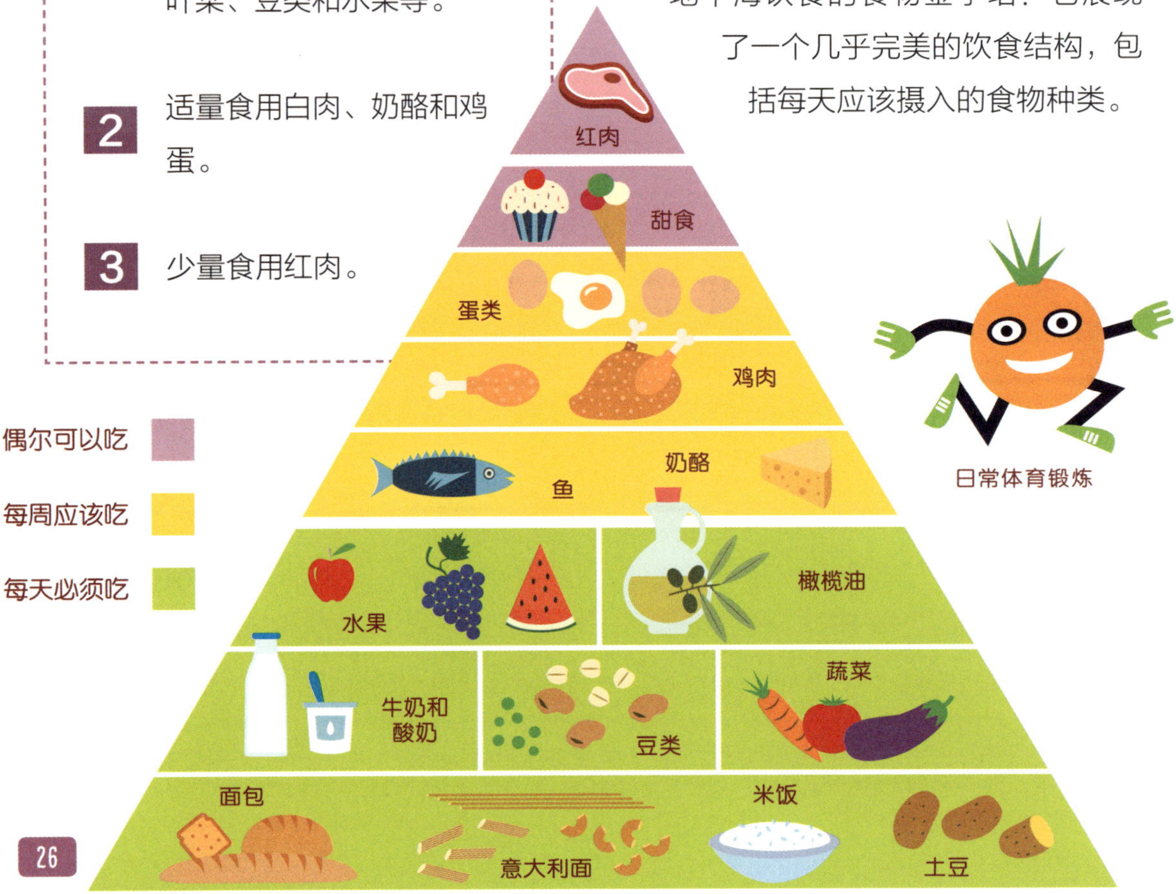

只有刚出炉的时候才会烫手！

猜一猜这是什么食物呢？动动脑筋，好好想想。以下是几个与食物有关的谜语，来训练一下我们的大脑吧。

- 不是葱不是蒜，一层一层裹紫缎。
- 本来一大片，变成条条线，是线不做衣，碗里常常见。
- 红红果子棍上挂，外裹糖霜味道佳。

- 圆圆瓷瓶黄又黄，红红珠宝肚里装。
- 脱了红袍有白衣，白衣下面黑胖子。
- 一把刀，顺水漂。有眼睛，没眉毛。

你猜出来几个？

现在轮到你为你的朋友们编谜语了。选择一种食物，列出它所有的特征，然后试着选取其中一个写个句子。但是要注意，别提供太多信息，否则谜语太容易，大脑就得不到训练啦。

翻到第 94 页
看看答案吧。

看电视使人发胖

你通常会花多长时间看电视呢？

有多少电视节目是与食物有关的？

有多少广告是与食物有关的？

我们常常因受到种种诱惑，吃下含有超高热量的食物，从而导致身体越发肥胖。

如果你看电视节目的时间过长，你的大脑就会频繁地受到刺激，由此产生的压力会引起强烈的饥饿感，从而导致你越发想在屏幕前吃东西。

那要怎么办呢？

合理安排自己花在看电视、阅读、学习和玩耍上的时间。听上去很简单，是吗？那么，我们来玩个游戏测试下你能否合理安排自己的时间吧。

我想到了三个适合的游戏。

它们可以帮助你训练注意力、动手能力和自制力。

玩米粒

每个参与者准备一把数量相等的米，一双筷子，以及两个盘子。
把米放在一个盘子里，把另外一个空盘子放在旁边。
比赛开始，你们每次只能用筷子夹一粒米，放到另一个盘子里。
谁先把所有的米粒都夹过去，谁就赢了。

忍住别笑

首先，每个人给比赛的获胜者准备一件奖品，可以是糖块、坚果或蜜饯。

轮流进行一对一的挑战：两个人面对面站着，挑战者要在2分钟的时间内想尽一切办法让对手笑出来。输了的人要把自己准备的奖品交给挑战者。

优胜者继续接受挑战，开始下一轮比赛，就这样一轮一轮比下去，直到最后，只剩下两名选手，**他们之中的获胜者将赢得所有奖品。**

找豆子

每个玩家都准备以下这些材料：一些面粉，一个盘子，一面小牙签旗，一颗豆子，一把勺子。

先把面粉倒在盘子里，堆成一座小面粉山，再把豆子埋在面粉山下。然后，把旗子插在面粉山顶上，再洒上几滴水，让面粉山表面的面粉变得坚固。

每个玩家都只能用勺子在面粉山中找豆子。小心，千万别弄倒旗子，否则会被淘汰哟。

谁会第一个挖出豆子呢？

你会学习吗

你在几岁的时候学会了阅读和写字呢？

你还记得是怎么学会分辨颜色的吗？

除了汉语，你还会说其他的语言吗？

曾经有那么一段时间，你既不会读写，也分不清颜色，更不知道其他语言，然后一点一点地，你掌握了越来越多的新知识。

学习的能力已经在你的大脑中被激活，通过它，你可以获得某些信息或改变自己的某些行为。正如我们在第 21 页看到的那样，人类大脑的这种非凡的学习能力与神经元之间的连接密切相关，学习能够不断创造出新的连接，使得神经元之间的连接能一直保持活跃的状态。

黑色出租车

设想一下，此时你正在伦敦——这个世界上最大的城市之一，有成千上万条错综复杂的道路。现在请你乘上一辆出租车，去你想去的地方。老牌的出租车司机根本不用手机导航，就能把你送到目的地。这是因为这座城市的地图已经全都印在他脑子里面啦。这就是一个大脑学习如何转换，以及适应需要的例子。事实上，有研究表明，伦敦出租车司机的海马体——负责编码和存储——比其他不需要记忆城市街道的人要发达得多，司机脑中存储了大量的这样的信息，就像有了电子地图一样，可以有效定位。

掌握还是学习

当提到“掌握”这个词时，你会想到什么？

我问过几百个像你这样的小朋友，他们大多数都是满脸不高兴地回答我：**“学习！”**

你知道我在想什么吗？也许我们应该做一个**游戏**，把“掌握”这个词和另外10个词联系起来（但不要用“学习”这个词）。

你来挑战一下吧！

拿一支铅笔，把你想到的词语写在这里。

在接下来的几页中，你会发现我们可以通过做游戏获得新的知识，从而将学习变成一项令人愉快的活动。

要想在这件事上取得成效，非常重要的一点就是了解自己的学习状态。如果你发现自己身处混乱的环境之中，比如有朋友分散你的注意力、电话响个不停、音乐很吵，那么很可能你的大脑根本无法好好工作。

你是怎样学习的呢

你是个什么样的学生呢？你能把自己的学习安排妥当，并且集中注意力听讲吗？

了解自己才能更好地锻炼大脑，所以我们来做个小测试吧。

小测验　你是哪种学生呢？

· 当你早上起床的时候，是否感觉精力充沛，准备好迎接新的一天了呢？

〇总是　〇有时　〇从不

· 你能一整个上午都集中精力专心听讲吗？

〇总是　〇有时　〇从不

· 当老师讲课时，你会记笔记吗？

〇总是　〇有时　〇从不

· 如果老师讲的某个地方，你没弄明白，你会举手提问吗？

〇总是　〇有时　〇从不

· 当老师提问别的同学时，你会关注这个问题，并做笔记吗？

〇总是　〇有时　〇从不

· 你会把要做的家庭作业记在本子上吗？

〇总是　〇有时　〇从不

· 当你有很多家庭作业要做的时候，你能合理安排好自己的学习时间吗？

〇总是　〇有时　〇从不

· 你总是在固定时间开始学习吗？

〇总是　〇有时　〇从不

· 你的书桌总是井然有序，并且只放着你做作业要用的东西吗？

〇总是　〇有时　〇从不

· 当你做完作业后，你会马上把第二天上课要用的东西都收拾好放进书包吗？

〇总是　〇有时　〇从不

· 在做完一科作业开始另一科之前，你会稍微休息一下吗?

○总是　○有时　○从不

· 休息的时候，你会吃点儿东西吗？

○总是　○有时　○从不

· 你会把更多的精力放在难度较大的科目上吗？

○总是　○有时　○从不

· 为了加深对所学内容的记忆，你会一遍又一遍地大声背诵吗?

○总是　○有时　○从不

· 当你做作业的时候，你会关掉手机和电视吗？

○总是　○有时　○从不

· 当你做作业之前，你会复习在课堂上做的笔记吗？

○总是　○有时　○从不

我们一起来看看你的分数吧

现在计算一下你得到的分数：

每回答一次“总是”记 2 分；
每回答一次“有时”记 1 分；
每回答一次“从不”记 0 分。

分数在 1 到 12 之间：

看来，你需要调整你的学习状态了。你不能总是熬夜晚睡，不吃早餐，在学习的时候不停地给朋友发短信。但是你有很大的潜力可以做得更好，这还是令人满心欢喜的。

分数在 13 到 23 之间：

很好，你已经具备了获得冠军的良好条件了。你做了很多有助于学习的事情，但你仍然有一些需要努力改进的地方。

分数在 24 到 32 之间：

太棒了！这说明你现在的学习状态非常不错！接下来你只要认真采纳后文中的建议，就能赢得学习状态的冠军了！不过如果你的分数是 24 分或者只比 24 分高一点点，那你还是需要做一些训练的，但是不管怎么说，你已经很不错了！

观察你的学习环境

现在你已经了解了自己的学习状态，可以更好地规划你的学习了。你会发现有个建议在这几页中已经出现过：

环顾四周

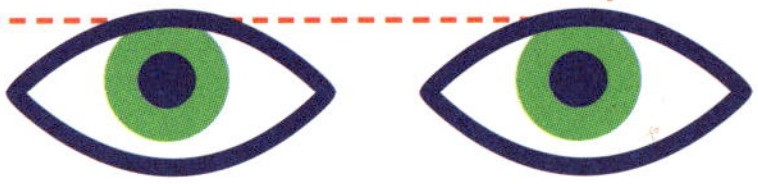

这个建议希望你仔细观察自己的行为和习惯，以及你生活、学习、游戏的环境。

现在，我们的目标是创造一个**理想的环境来锻炼大脑**，你可能已经意识到了，仅仅只知道学习是不够的，**拥有良好的学习环境与有效的学习方法**同样重要。

提高学习效率的十个秘诀

- 选择待在一个舒适、整洁、安静的房间里。
- 要拥有充足的光线，以免产生视力疲劳。
- 准备一份清淡但营养丰富的加餐。
- 如果有帮助的话，可以选择不会分散注意力的轻音乐作为背景音乐。
- 选择真正舒适实用的背包和铅笔盒。
- 总是有可供选择的彩笔和钢笔，并且都可以使用。
- 选一张合适的书桌，把所有你需要的东西都摆在桌面上。
- 在桌子上方挂一个公告板，用来记笔记和备忘录。
- 坐在一把高度合适、感觉舒适的椅子上。
- 手边有随时可以拿到的便利贴和纸张。

要有目标和方法

在《星球大战》的电影中，尤达大师曾对卢克·天行者说："必须找到正确的道路。"事实上，你也得像一位绝地武士一样：找到正确的**方法**是达到**目标**的关键。

是不是有些地方不太明白？

我其实是在聊学习、工作和玩游戏的**方法**。换句话说，就是为了取得最好的学习效果所应采取的方法。这几页中的建议都有助于你找到适合自己的**学习方法**。渐渐地，你就会察觉到自己是怎样记住知识的；你是更喜欢在有音乐的环境中学习，还是更喜欢在绝对安静的环境里学习；你是更容易走神，还是更容易集中注意力；等等。

方法的力量

嗨！绝地武士，通往正确道路的第一步是你在开始学习前先问问自己这**三个问题**：

我将如何学习？

我是怎么学习的？

我学习得怎么样？

假如你想**找到适合自己的学习方法**，你可以在每天的学习中采用这些建议。假如你想学会一种乐器、一项体育运动、一门新的语言或一个棋盘游戏，这也都同样适用。

你的学习方法

要想找到适合自己的学习方法，先挑战一下这四个关卡吧!

亲爱的绝地武士，我是尤达大师。为了更好地安排你的学习，记住你每开始挑战一关都要认真执行里面提到的每个步骤。

1 预测关卡

在这里，你需要**预估一下**自己要完成的学习任务需要多长时间，需要什么工具，必须达到什么目标，你将有哪些收获。

2 统筹关卡

在这里，你需要**统筹**你的学习任务，选择你首先要学习什么，如何学习，在哪里学习，以及你认为达成学习目标所需要做的其他事情。

3

自我观察关卡

在这里，你必须审视自己，观察你用的学习方法所取得的效果。例如，如果你意识到音乐分散了你的注意力，你可以换一首曲子，或者根本不播放音乐。确保在你重新投入学习时，有一些小小的改善。

到了该继续玩游戏的时候了，现在来练一练你的记忆吧！

4

最终评估关卡

在这里，你需要查看自己的学习进度和状况，了解你学到了什么，结果是怎样的。你的下一个目标就是利用这些信息把你下次的学习安排得更好。

大脑的记忆

记住这个，记住那个……

无论是在学校，还是在家里，或者是在玩游戏的时候，都少不了记忆。你遇到过这种情况吗？你学了一下午，但第二天早上却什么都不记得了？你会经常出现这样的情况吗？也许是因为你没有运用更好的记忆方法，让我来解释一下。

记忆与智力

大脑有两种相互关联的能力，而这是训练记忆力的基础：

记忆力　存储信息，并在需要时提取出来。

智力　加工处理存储在记忆中的信息。

两者之所以能高效运转，正是因为它们是相互关联的：当我们回忆起一段记忆时，神经网络就会被激活，从而打开了一个我们之前存储了所需信息的“抽屉”。

让我们来测一测你的记忆力怎么样。

路线图

拿出一张纸和一支铅笔，试着画出你从家到学校的整个路线：先简单画出街道，然后逐渐给你的路线图填充一些细节，比如商店、红绿灯、朋友的家等，最后把所有你记得的东西都添加进去。

在去学校的路上核对一下你的路线图。第二天再试着画一次。

记不住，都是大脑的错

你是否还记得我们的大脑是被分成执行不同任务的两个半球？

注意，我正在测试你的记忆力哟……如果你真的不记得了，那就翻到第 12、13 页，重读关于大脑功能的这一内容吧。

当我们谈到记忆力时，请记住以下几点：

- **左半球**负责逻辑推理；
- **右半球**负责直觉创造。

神经科学家发现，记忆是通过**创造性的活动**被激活的，因此要记住信息，你只需要提高右脑的能力即可。

让我们从一个融合了创造力和记忆力的游戏开始探索吧。

创造性的联想

为了训练创造力，也同时训练记忆力，试着记住这八对词。

宫殿 / 树
报纸 / 微笑
水 / 颜色
立方体 / 西红柿
数字 / 书
龙 / 纸
钥匙 / 管道
行李 / 风暴

要求很简单：用 5 分钟的时间仔细观察这八对词，然后在你的脑海中为每对词创建一个图像。

几分钟后，把书合上，试着把你记得的词写下来。

记忆类型

科学家根据信息在我们头脑中**停留时间的不同**确定了**三种**记忆类型。

你可以把我们的记忆想象成一个**大保险柜，里面有三种**不同规格的箱子。

第一个箱子相当小，代表**感觉记忆（又称为瞬时记忆）**，用于获取新信息，如果近期内从未使用过，就会被删除；只要使用了一次，就会被转移到第二个更大的箱子里，就是**短时记忆**。我们把最常用的信息和引起强烈情感的记忆放进最大的箱子里，也就是**长时记忆**。

每一个箱子里也都有不同的小箱子，里面存放着不同类型的记忆，从视觉的到感觉的，从听觉的到嗅觉的，等等。

让我们开始练习吧！

那是什么味道？

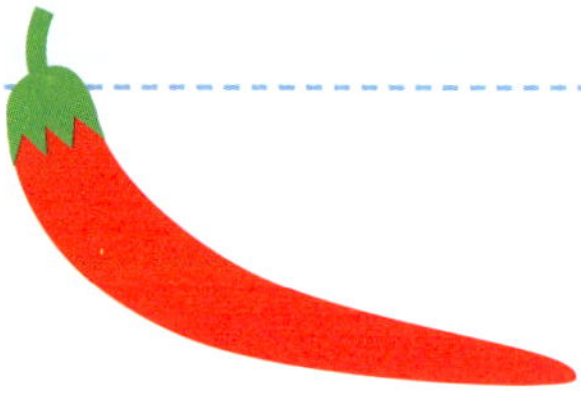

试着记住这些人物：

拿破仑 朱利奥·恺撒
朱塞佩·加里波第
巴拉克·奥巴马 阿尔伯特·爱因斯坦
克里斯托弗·哥伦布
巴勃罗·毕加索 列奥纳多·达·芬奇

把每个人物与一种你可以在嘴里找到的味道或感觉——比如甜的、酸的、鲜的、咸的、涩的、香的、辣的、苦的——相关联。

试着写下你记得的名字。

感觉记忆

通常可以持续**几秒钟到几分钟**，感觉记忆可以帮助我们记住电话号码、购物清单，或者我们刚刚认识的朋友的名字。

7±2 理论

根据心理学家乔治·米勒提出的这个理论，人类大脑可以快速记忆 7±2 个信息，也就是 5 到 9 条信息。

因此，为了能更快速地记住这一长串数字 47180726188275，最好把它们分成 5 组：471 807 261 882 75。

试着把它们背下来，然后默写在一张纸上，直到你写对为止。现在，你来试试记住这句话：加里波第出生于 18070407（1807 年 4 月 7 日），死于 18820206（1882 年 2 月 6 日），享年 75 岁。

分组并记住！

现在你根据 7±2 的理论，把这些数字分组，然后都记住吧！

列奥纳多·达·芬奇的出生日期、死亡日期和年龄分别是：
1452/4/15　1519/5/2　67

地球赤道的直径为
12756 千米

星座：
白羊座 • 处女座 • 双子座
巨蟹座 • 狮子座 • 金牛座
天秤座 • 天蝎座 • 摩羯座
射手座 • 水瓶座 • 双鱼座

短时记忆

短时记忆是保留**几分钟到几天的记忆**。

你可以利用它来达到某个目标，比如在准备学校考试的时候。不过要注意，这只能是一种比较肤浅的学习，虽然它能带来立竿见影的效果，可是并不能持久。

通过不断复习、记忆你学到的知识才可以让它们成为长时记忆。

记忆棋盘

与朋友一起在一张纸上画一个棋盘。取 6 种不同的小物品，放在 6 个不同的棋盘格上。

用 20 秒的时间仔细观察这几个物品的摆放位置，然后你闭上眼睛，让朋友移动其中两三个物品。

然后睁开眼睛，试着找出那几个被移动的物品。如果你确实记得很清楚的话，你就可以把它们放回原处啦。

长时记忆

你有一些希望**陪伴自己一生**的记忆吗？

那就打开最大的箱子来收集吧，这样你就永远不会忘记如何走路、说话、阅读、写字、骑车或游泳啦！事实上，所有这些行为都与长时记忆有关。

这个箱子可以储存你在学校学到的知识，你喜欢的电影或书籍的内容，以及那些让你激动的事情，也许还有你正在吃的巧克力蛋糕的味道。

其实我们在无意识的情况下，就已经使用了这个箱子中的大部分记忆啦。

三乘三

训练自己用长时记忆来复习英语单词，每天分别花三分钟的时间来做下面这三个简单的练习。

· 在满足下面两个要求的前提下，写出尽可能多的单词。第一个要求是，随机选择一个字母作为首字母；第二个要求是，围绕某个主题，比如太空旅行。

· 选择一个主题，写下 21 个与它相关的单词，每个单词必须以字母表中的不同字母开头。

· 选择一种关联类型，例如高和低、轻和重、深和浅，遵循这种关联逻辑写出尽可能多的单词。

记忆力运动场

你准备好挑战自己的记忆力了吗？

大脑运动

用一分钟的时间仔细观察这张图，然后拿一张纸遮住这一页，回答下一页的问题吧。

1. 穿蓝色衣服的运动员的编号是多少？
2. 有几面旗子呢？
3. 标枪是什么颜色的呢？
4. 穿红色短裤的运动员的鞋子是什么颜色的呀？
5. 场地上有几个球呢？
6. 这些球都分别属于哪几项运动项目呢？
7. 奥运圣火装饰的领奖台有几级台阶呢？
8. 一共有几排观众呢？
9. 有几位短发运动员呢？
10. 右下角的秒表所记录的时间是多少呢？
11. 304号运动员的运动项目是什么呢？
12. 奥运圣火右边的国旗是哪个国家的呢？

你也可以写一些新的问题来考考你的朋友，继续玩吧！

记忆厨师

看完下面的食谱后，写出七个关键词，十几分钟后，仅靠回忆这几个关键词，来写出或说出这个食谱。

意大利巧克力香肠

配料：硬饼干350克，糖100克，可可粉60克，黄油100克，牛奶半杯，鸡蛋1个，锡纸1张。

准备工作

- *把鸡蛋和糖放入碗中，充分混合搅拌。*
- *加入黄油和可可粉，继续搅拌。*
- *把硬饼干压碎，加入碗中，继续搅拌。*
- *最好一点一点地倒入牛奶，慢慢搅拌，直到非常浓稠。*
- *倒在锡纸上，卷成香肠的形状。*
- *放在冰箱里冷冻几个小时。*
- *在吃之前，记得把它像意大利香肠那样切成薄片。*

纸上的卡片

用 3 到 4 分钟的时间仔细观察这些卡片，然后拿一张纸盖住这一页，回答下一页的问题。

7	5	1	3
6	7	8	2
1	3	9	4
5	2	9	10

·第一排卡片上的数字分别是多少？
·最后一排前两张卡片的和是多少？
·写着“6”的那张卡片在哪儿？
·从左往右数第三列卡片上的数字分别是多少?
·右下角的那张卡片上的数字是多少？
·从上往下数第三排的第一张和最后一张卡片的和是多少？
·左上角卡片上的数字是多少？
·写着“9”的卡片在哪儿？

变形游戏

你可以和朋友一起玩这个游戏。从一副扑克牌中找出 1 到 10 的数字牌。然后把这些牌打乱，随机抽取 16 张，摆成 4 排，每排 4 张。接下来你要记住你的牌，然后转过身，回答朋友提出的问题。

触觉记忆

你也可以通过触摸来训练自己的记忆力。拿 8 个不同的物品，先把它们的名称写在一张纸上，在仔细触摸这些物品后，把它们全部放进一个不透明的袋子里，这样你就看不到它们了。

按照之前写下的物品列表的顺序，通过触摸识别这些物品，并把他们一个一个地从袋子里拿出来。

变形游戏

如果你想和朋友一起玩，那就可以加大这个游戏的难度啦：当你仔细触摸并把所有物品放进不透明袋子里之后，在你看不见的情况下，请朋友随意拿走一个，而你要做的就是用触摸的方式找出拿走的那个物品是什么。

我读过这个词吗？

仔细阅读下列词语：

书 · 篮球 · 画 · 骰子

树 · 叉子 · 铅笔 · 椅子

手提箱 · 苹果

现在遮住这边的词语，看旁边的图，找出与你刚才记的词语相对应的图片。

语言记忆

看看右边这个网格，在脑海中试着把字母连起来构成单词。

只能在水平、垂直或对角方向组合相邻的字母来构成单词。

一个单词里同一个字母只能用一次。

先看看下面这个例子吧。

S	E	N	D
C	H	O	E
T	A	M	S
D	I	R	T

NOSE

鼻子

S	C	N	P
U	E	O	E
L	D	S	R
I	A	T	E

你发现了哪些单词呢？现在读一读下面的单词，跟你发现的一样吗？

HOME（家） SHOE（鞋） CHARM（魅力）
SEND（发送） HAIR（头发） TAME（驯服）
SOME（一些） TRATI（品质） MOST（大多数）
CHART（图表） DIRT（泥土） SHAME（羞耻）

形状记忆

仔细观察下面的图形：

遮住上面的所有图形，然后回答问题。

- 第一行都有哪些图形？
- 梯形上面是什么图形？
- 右上角是什么图形？
- 位于中心的是什么图形？
- 左下角是什么图形？
- 三角形右边是什么图形？

我想起来了

你可以把这个游戏推荐给朋友们。你们需要准备一本书或一份报纸，每人还需要一张纸和一支笔。

每个参与者都要轮流朗读书或报纸上一小段 8 到 10 行的文字，读完后，其他人都有一分钟的时间来尽可能多地写下还记得的词语。

最后，相互比较一下每个人写下来的词语。只有一个人写出来的词语，可以得 5 分；有两个或两个以上的人写出来的词语，得 1 分。

得分最高的人获胜。

向右，向左，向上，向下……

你的眼睛可能从来没有停止过运动？

别担心，这是很自然的事，眼睛不可能一次就看到眼前所有的东西。如果我们让眼睛聚焦在某一个点上，我们的视野就会受到限制，所以眼球需要不停地转动，大约每秒钟稍停三次，以聚焦在某些细节上。

让我们一起看清楚

一般来说，我们每个人对所看到的图像或形状都有不同的理解。**我们的大脑能够通过一些线索来识别所观察到的东西。**

由于形状、模型和图案在记忆中会有存留，因此，每个人都能从污渍、云朵或是一张撕破的纸上分辨出已知的图像或几何图形。

云朵大赛

找个舒服的地方去看看云吧。

云的形状让你想起了什么吗？后来云又变成了什么形状呢？

如果下雨了，你没法去观察天上的云，那就拿一张纸，随意撕撕，试试从碎纸片不规则的轮廓中辨认出熟悉的形状吧。

幻想性视错觉

幻想性视错觉是一种能够在混乱的图像、普通的物体或自然的元素中找到**熟悉的形状**的能力。这个与我们刚刚做的云朵游戏是一样的。

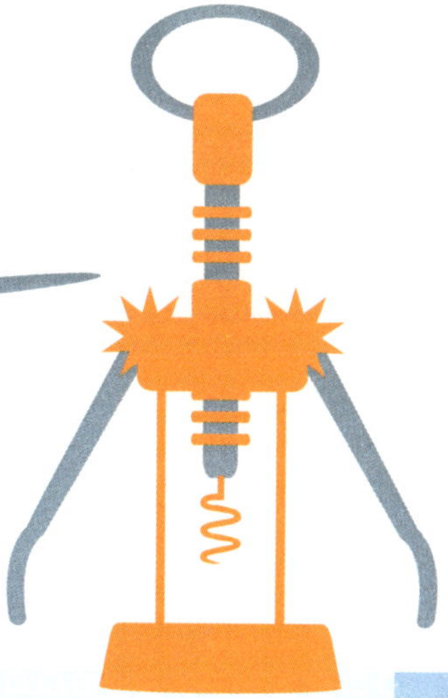

在天文学中，这种能力是很有用的，因为它可以帮助我们将图像与星座联系起来。当你用手机发信息，插入一个表情符号的时候，这其实就是在通过表情识别来考验你的幻想性视错觉水平。

你看到了吗？

带上照相机或手机出去散散步吧！仔细观察墙面上的那些斑点、喷泉、窗户和门。你会发现任何东西都可以变成一张脸，甚至一个下水道井盖都可能变成一张骑士的脸呢！

试着玩一玩这种幻想性视错觉游戏吧！蓝天上的一朵白云可以变成喷漆罐喷出来的白色油漆。

怎么才能做到呢？你把喷漆罐放在镜头前，让它和远处的白云对齐，然后用相机聚焦喷漆罐和云朵就可以啦。

我们是怎么看见的

我们的视觉系统既能观察到**静止**的物体，也能捕捉到**移动**的物体，还能看出图像的**立体效果**。

对同一个图像，每只眼睛各自形成一个片面的、略有不同的影像，大脑将它们进行比对合并后，融合成一个**统一的图像**。

事实上，正是像双筒望远镜似的双眼使我们能够感受到物体的凹凸与深浅。

试着闭上一只眼睛看一个物体，然后换另一只眼睛，你会发现两只眼睛看到的范围是不一样的。

蒙上一只眼睛，你就可以实现当海盗的梦想了！你可以尝试着以一种新视角新方式来看世界啦……

我们一起数数吧

试着蒙上一只眼睛拿起一个物体，比如一个球。尝试闭上一只眼睛走路。

你成功了吗？有点儿难，是吗？

不过，我们可以把这种困难变成玩游戏的一种技巧。站在一幢有很多窗户的大楼前，试着数一数窗户的数量。

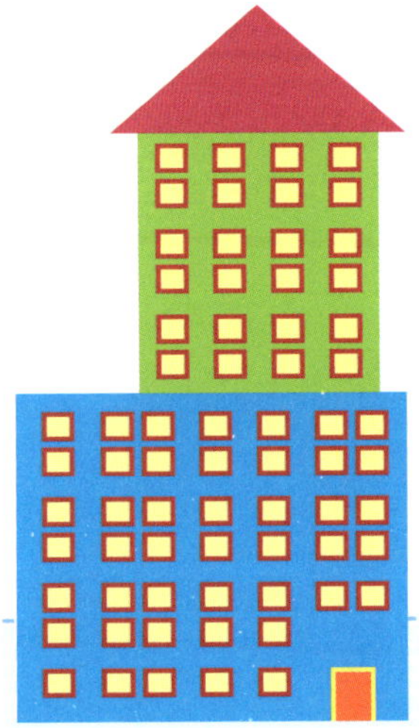

首先，两只眼睛都睁开，试着观察那些窗户。

过一会儿，闭上一只眼睛，你会发现大楼好像变近了，你可以更清楚地分辨出每一扇窗户。这时候数清窗户的数量，对你来说就变得很容易啦！

光学错觉

视觉系统向我们展示的并非总是事物的本来面目。

当视觉刺激带有矛盾和欺骗性时，大脑就不知道该如何解释它们了，**于是就让我们看到了那些事实上根本不存在的物体和运动**。

这就是**视错觉**，它在“捉弄”我们的视觉系统。大脑还没确定哪个是真实的，图像就从一个跳到了另一个，并且它还有一种近乎超自然的能力，可以让人看到不存在的东西，甚至可以让人预测未来。这种情况不仅会发生在产生视错觉时，而且也会发生在空中接球的时候。

让我再解释得清楚一点儿。

我们的大脑相对反应较慢，当光线到达我们的眼睛时，大脑大约需要十分之一秒的时间来产生图像感知。

看上去这时间似乎并不长，但事实上，大脑总是落后于眼睛所看到的，所以它必须通过对下一时刻的预测来弥补这种迟缓，也就是说，它必须在十分之一秒内预测未来。于是这里就出现光学错觉啦！

嘿，小心，接球！

有些错觉取决于光的物理性质，例如：

反射

折射

其他的错觉来自一个特定的图像带来的对现实的扭曲感知，下面是一些例子：

几何错觉

透视错觉

棋盘方格的水平线看起来是弯曲的，但其实它们是平行的直线。

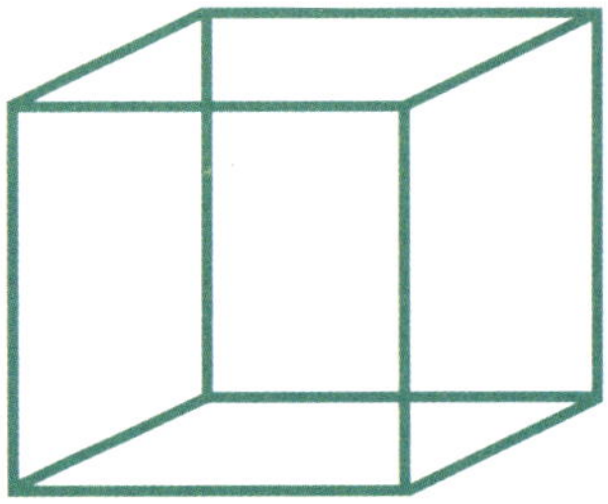

在这个立方体中，分辨不出哪个是前面，哪个是后面。

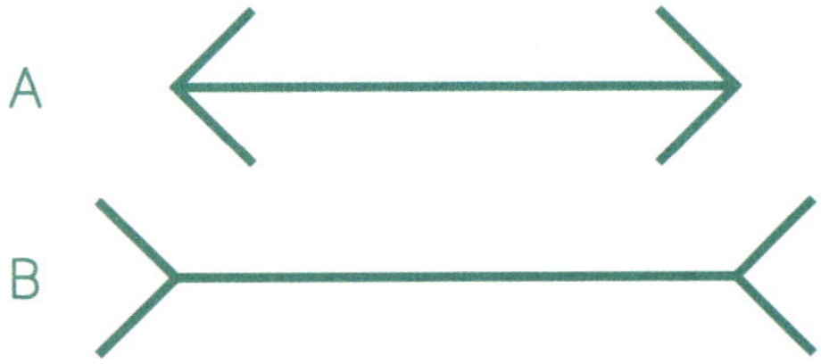

A 线段看起来比 B 线段短，但实际上，它们的长度是相等的。

这是一个不可能存在的楼梯，因为搞不清是上楼还是下楼？

完整性错觉

在这张图中，你可以看到一个白色的三角形，但它真的存在吗？

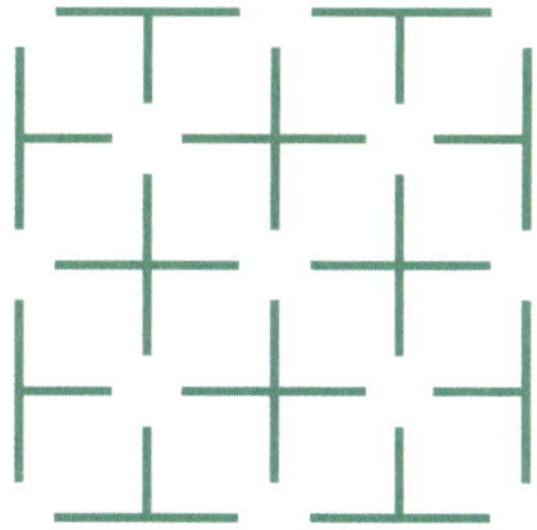

看到图里白色的圆形了吗？还有白色的正方形呢？但实际上它们并不存在，它们只是你的错觉。

胡迪尼和他的朋友们

几个世纪以来，魔术师一直在利用观众在认知和注意力方面的局限。事实上，他们并没有超自然的力量，他们只是创造出了似乎超出自然规律的视觉效果。

这些艺术家，比如伟大的胡迪尼，所拥有的“魔力”无非就是利用视觉与认知错觉、特效、秘密装置和机械设备产生的，它们也就是那些可以**分散观众注意力**，并令人以为看到的东西似乎都是真实存在的方法。

胡迪尼

19世纪末出现了有史以来最著名的魔术师哈利·胡迪尼，他以摆脱各种束缚的能力和那些令人难以想象的脱逃而闻名于世。当然，他使用了一些小技巧，但重要的是，他也训练自己的身体，使它能摆出各种扭曲的姿势。中国水牢被认为是他最困难、最复杂的一次脱逃：手脚被捆绑着的他必须从一个完全浸泡在水中并且上了锁的箱子里逃出来。

魔术师的健身房

你可以利用这几页向你的朋友展示魔术师技能。

魔术师的扑克牌

从下面的扑克牌中选择一张，然后默念你自己选的那张牌 20 秒钟。

好了吗？我已经知道你选了哪张牌了！
如果你不信，那就翻到下一页看看吧！

翻到第 94 页
看看答案吧。

我猜对了，是不是？

你选的那张牌不见了！

神奇的阴影

盯着这张照片的中心看上几秒钟。

把这一张照片举到面前，先伸直胳膊把它推远，再把它拉近。在这个过程中要始终保持双眼盯着这一张照片的中心。

你发现中间的阴影部分发生了什么变化吗？

隐藏的秘密

你能在旁边的图中找到那个隐藏的单词吗？

试着找到发现它的方法吧。

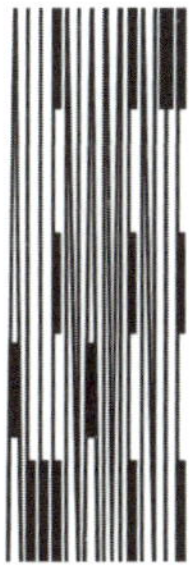

翻到第 94 页
看看答案吧。

你找到解决办法了吗？

科学家发现，每个人对视错觉的感知都不相同。例如，女性不需要转头就能看到全景，而男性则是“隧道式”的视觉，也就是说，即使距离非常远，他们也能看到，但他们关注不到近处——这就是为什么一个男人几乎永远无法在一个容器里或壁橱里找到他想要的东西的原因！

集中注意力！你得多加注意！

这句话你听过多少次了？如果你学不会集中注意力，就很难实现你的目标。

注意力很难集中的内在原因是什么呢？首先是**兴趣**，人们总是很容易就对正在做的事情感到厌倦，而想找一些更有意思的事情去做。这种情况不单单会发生在学习的时候，也可能发生在做运动、玩游戏或看书的时候。

干扰

总是会有很多**干扰因素**让你无法把注意力集中到正在做的事情上，所以很容易就会完不成目标。

听觉的干扰可能是最难避免的，因为听觉范围非常广，只需一声手机的哔哔声、一段不合适的音乐声、电视声，我们的大脑就会把注意力转移到别的事情上了。

视觉的干扰仅限于视野范围内，也就是我们眼前所能看到的，因此可以采取一些措施。

角色代入

想象你自己现在变成了一个小丑或木偶，然后选择一个你想要探讨解决的问题，例如城市污染。站在自己这个新角色的立场上，想一想这个人物会如何处理这种情况。试着消除任何试图进入大脑的其他想法。把你的解决方案写下来，说不定你的那些想法还能让你捧腹大笑呢。

你不是超级英雄

我们的感觉器官无时无刻不受到来自周围环境的**刺激**，幸运的是，只有一小部分信息会进入我们的意识。

如果不是这样的话，我们就会成为对周围的一切都非常敏感的“超级英雄”。

这种**选择性注意**可以让我们筛选出在某个特定时刻什么才是重要的事情，自动排除干扰，使我们只关注当前所参与的事项。

当确定会有干扰出现的时候，你可以预先启动这个选择机制。例如，当你知道有人会发信息给你，所以等待手机提示音响起的时候——这种情况又回到了我们前面所说的动机——如果此时你还有作业要写，就需要选择主动把手机静音并放在一边以免分心。

数完再数

用一个杯子装满豆子，然后把豆子都倒在桌子上。用手机计时器或闹钟定时 3 分钟。

开始数豆子吧，但别以为这很简单哟。因为同时，你的朋友会在旁边努力分散你的注意力。

他可以尖叫，可以唱歌，可以大笑，可以跳舞，可以绕着你转，可以抚摸你，还可以向你的耳朵里吹气，但他不能碰豆子，也不能把它们弄乱。

时间到了，看看你是否数完了所有的豆子，然后把结果写在一张纸上。再试着在不被干扰的情况下数一数，你就知道外界干扰对你的影响有多大了。

战略思维

要想学会如何集中注意力，了解一些能帮助我们有效改善的策略是很重要的，尤其是在学习中。重要的是：

自己明确知道所要实现的目标。	总是选择可实现的目标。	如果目标很复杂，就把它分成几个阶段进行。

要想制定一个好的策略，首先要回答这些问题：

· 我今天想学什么？

· 我今天学到的东西有什么用？

· 我需要知道哪些重要的事情？

把你的答案写下来，并写明达到目标时你会得到什么。例如你可以写“一旦我学会一首歌，我就唱给我的朋友们听”。

心里写字

闭上眼睛，想象着自己用不常写字的那只手写一个字：你会感觉很费力，就好像你真的在写字一样。

这个练习将教你如何使用大脑来同步动作。

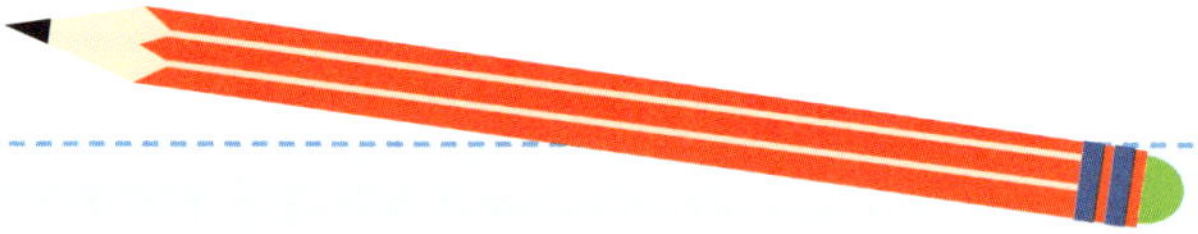

也许你需要休息一下

为了训练你的大脑集中注意力，学会休息是很重要的。在学习过程中，可以安排玩耍、阅读等休息时间。

连续学习几个小时而不休息就会适得其反。一旦耗尽最初的兴趣，我们就会很容易受到干扰，就会面临耗费大量精力却毫无收获的风险。

大脑能保持注意力集中的时间

通常在 45~50 分钟。

之后，我们应该立即休息大约 15 分钟。

就像学校里的课程安排一样，**课间休息**是非常重要的，这样大脑就可以恢复所需能量继续工作，所以，休息是学习和训练过程中不可或缺的一部分。

玩玩球、吃块甜点、听听音乐……但要记得时间，不要花上一个小时来休息。

时间蛋糕

拿一支铅笔和一张纸，画一个跟盘子一样大小的圆。然后就像分蛋糕一样，把它平均分成 24 份，每一份相当于一天中的一个小时。

这样你就可以很直观地看出自己是如何度过每一天的，就可以把每天安排得更好了。

专注力训练　考考你的眼力

现在你要试着集中注意力来完成这些游戏。

孤独的它

这里有很多小动物，仔细观察它们，只有一个动物出现过一次，是哪一个呢？

骑士的剑

亚瑟王的骑士们必须练习剑法，现在他们把剑都放在圆桌上了。

哪把剑是放在最上面的呢？这些剑从下到上的顺序是什么呢？

找不同

仔细观察这两幅图，找出 10 个不同点。

开锁

只有一把钥匙能打开这个保险箱，是哪把钥匙呢？

翻到第 94 页
看看答案吧。

这是合乎逻辑的吗？

这句话你听过多少次了？

你是如何理解“逻辑”这个词的呢？

在脑海中**搜寻**已知信息，并试着把它们联系起来。

此刻，你正在运用的就是**逻辑**，这是研究思维形式及其规律的科学，有助于理解如何解决我们生活中随时可能出现的问题，例如了解一款电子游戏、一部手机或一台计算机是如何工作的。

让我们一起做练习吧，
这样我就可以解释得更清楚啦。

三段论

先读读下列句子：

所有的鸟都是动物。——大前提
鹰是一种鸟。——小前提
所以鹰是动物。——结论

所有的树都是植物。
橡树是一种树。
所以橡树是植物。

这两个**三段论游戏**就是我们的第一个逻辑练习。三段论最初是由哲学家**亚里士多德**提出来的，用于训练他的学生的逻辑推理能力。

亚里士多德

亚里士多德（前384年—前322年）是一位古希腊哲学家和科学家，被认为是西方哲学的奠基人之一。我们可以把他当作是一位擅于推理与思考的最伟大的“侦探”。他写了六篇专门研究逻辑的著作，总称为《工具论》。

你刚刚读到的那两个三段论例子，其中的每一个句子都是被一个真实的、可能的、符合逻辑的关系连接在一起的。因此，推理就是**正确**的。

现在，再来读读这个：

> 火车在跑。
> 我的朋友乔瓦尼在跑。
> **所以我的朋友乔瓦尼是一列火车。**

你认为这样对吗？

这个问题并不难回答。（难道你认识一个能变成火车的人吗？）

创建三段论

先从正确的推理开始，然后再试着想一些奇怪的、好玩的、不可能的情况来享受一下。

只需按照下列**规则**：

- 写一个语义完整的句子，或肯定或否定。——大前提
- 然后立刻再写一句，但要包含前面一句中的一个词。——小前提
- 写出最后一句话，它要把前两句联系起来。——结论

演绎推理

现在，既然你已经学会了三段论，那就意味着你已经准备好面对更复杂的难题了。现在是时候把自己变成逻辑天才——世界上最有名的侦探**夏洛克·福尔摩斯**了。

我们第一步要做的是设法解决一个问题。我们来玩一个**演绎逻辑**的游戏吧，这可以训练你的大脑快速找到问题的解决方案。

我们的侦探朋友建议我们采用一种非常**精确的方法**。尽可能地分析我们所面临的情况，即确定

初始前提，

然后仔细观察定义特定行为的

规则，

最后找到

解决方案。

这也太简单了吧，华生！

如果你听过这句话，那么你就听到了有史以来最伟大的侦探夏洛克·福尔摩斯的话，他太有名了，以至于很多人都认为他真的存在。而事实上，他只是亚瑟·柯南·道尔笔下的一个文学人物罢了。

我把你弄糊涂了吗？好了，我们一起来解决第一个逻辑难题吧。

五位圆桌骑士

亚瑟王很了解他的骑士，骑士们在圆桌上都有确定的座位，因为他知道他们中的一些人并不能跟别人友好相处，所以为了避免引起他们之间的决斗，请你按照下面的规则给骑士们安排位置吧！

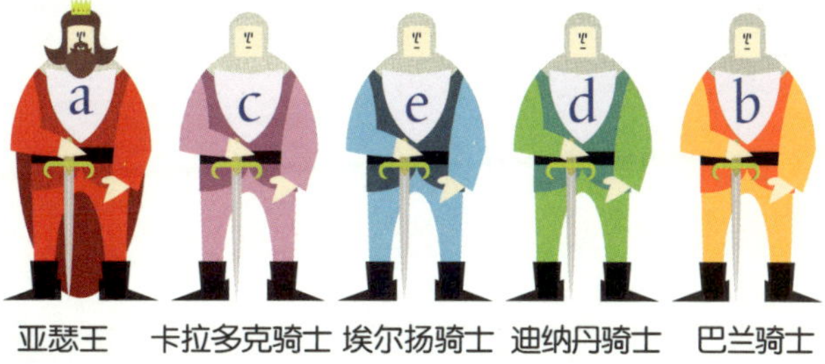

这些是必须遵守的规则：

亚瑟王不能坐在卡拉多克骑士旁边。
卡拉多克骑士不能坐在埃尔扬骑士旁边。
迪纳丹骑士必须在卡拉多克骑士的左边。
埃尔扬骑士不能坐在迪纳丹骑士旁边。

解决办法是什么呢？
怎么安排骑士和国王的位置呢？

就像我答应你的，我们一起完成第一个游戏。

解决办法

由于埃尔扬骑士不能坐在卡拉多克骑士旁边，也不能坐在迪纳丹骑士旁边，他只能坐在亚瑟王和巴兰骑士之间。

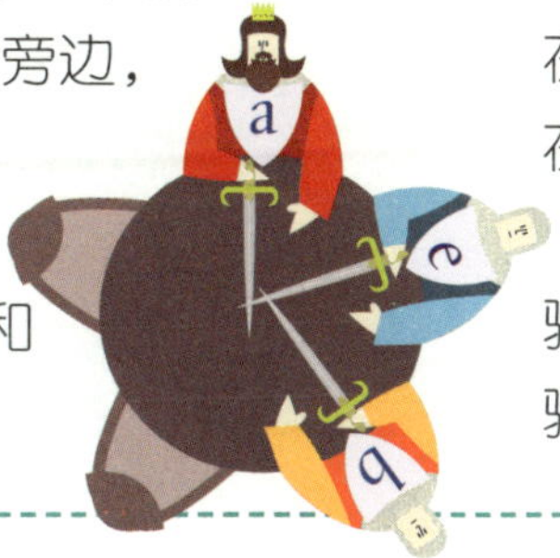

那么，另外两位呢？

卡拉多克骑士不能坐在国王旁边，所以他得坐在巴兰骑士旁边。

最后，迪纳丹骑士坐到了卡拉多克骑士的左边。

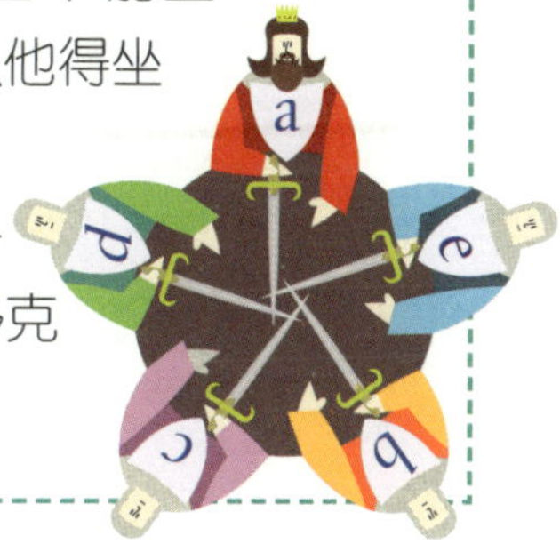

很简单，不是吗？

好了，既然你现在已经知道寻找解决方案的逻辑推理方式了，那么就来训练你的大脑，解决下面的问题吧。

在开始之前……还有一条建议！

一定要常备着纸和笔，用来画草图、写方案或表格，总之，一定要记笔记，整理好解题思路，这会对你找到解决方案有很大帮助。

翻到第 94 页
看看答案吧。

足球比赛

安德烈是足球和电子游戏的超级粉丝。下午放学后，他跟朋友们在自己家里举办了一场小型足球比赛。

每个人都和自己心仪的球队一起参加：

- 沃尔特和巴勒莫队；
- 安德烈和尤文图斯队；
- 毛利齐奥和卡利亚里队；
- 安东尼奥和那不勒斯队；
- 达里奥和米兰队。

比赛结果是……

- 那不勒斯队位居第二，
- 卡利亚里队位居第五，
- 米兰队位居那不勒斯队之后，但在巴勒莫队之前。

试着写出参与本次足球比赛的球队的最终排名。

考试

数学老师公布了考试成绩。

- 弗朗西斯科得了 8 分，是班级最高分。
- 乔瓦娜的成绩比爱丽丝好，比克莱尔差。
- 爱丽丝得了 4 分，是班级最低分。
- 克莱尔比弗朗西斯科少 1 分。
- 玛丽亚比爱丽丝多 1 分。

每个人的分数都是整数且互不相同，你算一算每个人得了多少分。

超级英雄

超神速是超级英雄们中最厉害的。

超鼓肚是超级英雄们中最弱的。

超强脑比超鼓肚强，比超级猫弱。

超级猫比超鼓肚强。

地球遭到了冰激凌外星食客的袭击，急需超级英雄们前来拯救，现在请你依据他们的能力，从弱到强，排个顺序吧！

横向思维

现在你应该已经做了足够的训练，可以解决一些问题了，但因为是刚开始，那就让我们一起尝试吧。拿出一张纸，列出所有可能的解决方案，这样你找到正确答案的机会就更大啦。你至少要写出 5 个解决方案。

野餐之谜

7 个人一起去野餐。吃水果的时候，篮子里有 7 个苹果。

每个人拿了 1 个，但篮子里还剩下 1 个苹果。这是怎么回事呢？

下面列了一些可能的答案，你觉得怎么样？快快写出你自己的答案吧！

- 有一个人没有拿苹果。
- 小红帽里的大灰狼来过了，它吃掉了一个人。
- 他们数错了，其实一共有八个苹果。
- 有人在篮子里又放了一个苹果。
- 有一个苹果从旁边的树上掉到了篮子里。

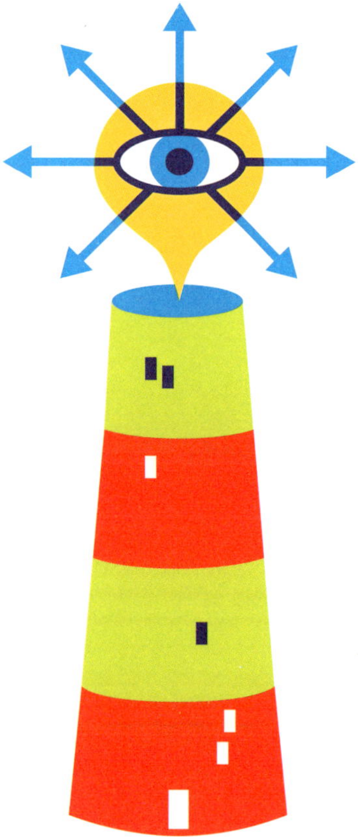

这些答案看起来可能很奇怪，但在逻辑世界里，你必须学会考虑**每一种可能性**。

此时，我们就是在训练自己的横向思维能力，这是利用不同视角解决逻辑问题的一种非常有效的方法。

这种方法的诀窍就是从**不同的角度**看问题，这与通常情况下我们仅仅寻找问题的单一解决方案截然不同。

顺便说一下，前面那个问题的正确答案并不是上面列出来的那些！但也许答案就在你写下来的答案里面呢！

很简单，是 7 个人中的某 1 个拿起了那个装着 1 个苹果的篮子。

现在你准备好接受挑战了吧！

在下一页，你会看到一些需要用刚掌握的新方法来解决的问题。你要准备好纸和笔，把**所有可能的解决方案**都写下来。然后逐一进行分析，排除掉你认为不合适的，选择最有效的那个。

生活与数学的联系

用《白雪公主》里小矮人的数量乘以《三只小猪》童话里小猪的数量，加上季节的数量，再除以五。最后，再加上儿童节所在月份的数字。

最终的结果会是什么呢？

在实际生活与抽象规律之间建立关系

保罗住在一座漂亮建筑的 20 楼。每次他下班回家，都是戴着耳机听着音乐，乘电梯到 15 楼，走出电梯，再爬楼梯走到自己家。有一天下雨了，他一直乘电梯到了 20 楼。

你知道他为什么会这样吗？

横向思维之重量

马可·佩拉托正把满满的四箱书搬进图书馆。尼科莱塔·格莱莫也搬了同样的四大箱，但重量较轻。

为什么尼科莱塔·格莱莫的箱子没那么重呢？

横向思维之词语

下面这些词中哪一个与其他词毫无共同之处？

- 女人
- 童话
- 男人
- 讲台
- 陀螺
- 山

翻到第 94 页、95 页，看看答案吧。

错误是必要的

有时候犯错误并不可怕，事实上，有时候犯错误也是非常有用的。当然，不断地重复犯同一个错误是很烦人的，但幸运的是，如果训练得当，我们的大脑就会形成帮助我们识别错误的机制，而不是不断重复犯错误。现在到了做游戏的时候啦，让我们一起来玩第一个游戏吧！

《错误的书》

这是儿童文学作家贾尼·罗大里所写的一本书，它可以帮助我们发明新游戏。

选一个词，比如“树枝”，并尝试“制造”所有可能的“错误”，也就是把“树枝”这个词只替换一个字而组成其他词。比如，我们可以组“树叶、树杈、花枝”……

你还有其他词吗？

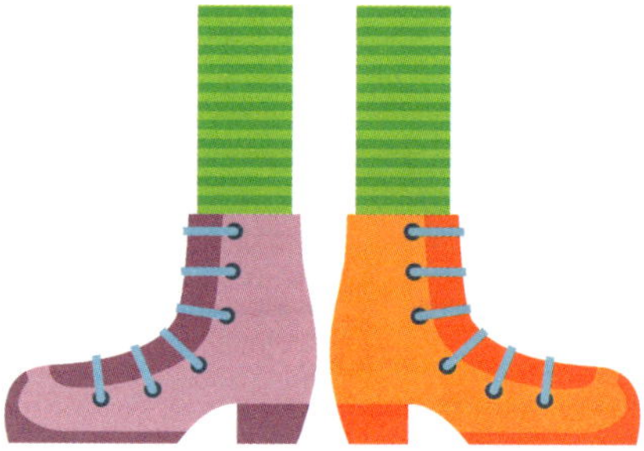

小红帽把大灰狼吃掉了

你听过多少童话故事呀？你有没有想过把故事改编一下，或者让故事里面的角色做一些其他事情呀？

你可以通过犯一些独特的错误，来训练大脑去发现错误。选择一个童话故事，先仔细阅读，然后“错误”地重新改写它。

你要让那些角色做出与他们原先的行为完全相反的事情来。

举个例子：大灰狼非常害怕小红帽，因为整个森林里都知道这个小女孩对大部分动物都做了很多可怕的事情，她从来不听奶奶的话，而且还经常跟奶奶吵架。

现在你来挑战一下吧，你最喜欢的童话故事是哪一个呢？

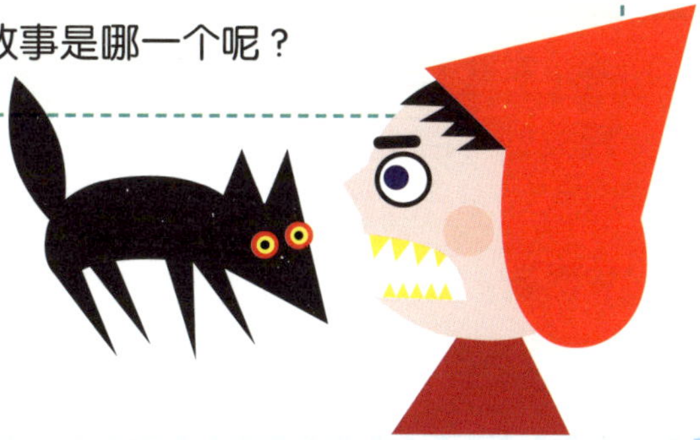

旧瓶装新酒

你有没有发生过这种情况？突然记不起一部电影或一首歌曲的名字？脑子里想的一个词说出来却是另一个？还有玩文字游戏的时候，对于自己刚创造出来的一个错词只能尴尬地发笑？

瞧，发明一种新游戏并不难嘛！

选择一部电影，比如《指环王》（*anelli*），仅仅换换词，就出现了一个牧羊人可以和他的羊群说话的故事——《羔羊王》（*agnelli*）！

新电影

现在你试着创作一个新电影吧。

规则很简单：你可以替换、添加或删除电影片名中的一个字，然后你要讲出来你创作的这个新电影的故事情节。你也可以用同样的游戏规则去尝试改一改歌名、书名或电子游戏的名字。

大脑和错误

我们为什么会犯错呢？当我们犯错的时候，大脑里发生了什么呢？

我们的大脑**在错误发生之前就能把它识别出来**，这是人类为了适应周围环境和应对刺激而发展的一项基本技能。然而，在某些情况下，大脑会欺骗我们，这时就需要给它提供一些帮助，就像当我们视力不太好的时候，需要配一副眼镜一样。与大脑“欺骗”相关的一种比较常见的疾病是**阅读障碍症**，这是一种学习障碍，主要对阅读和书写能力有影响。

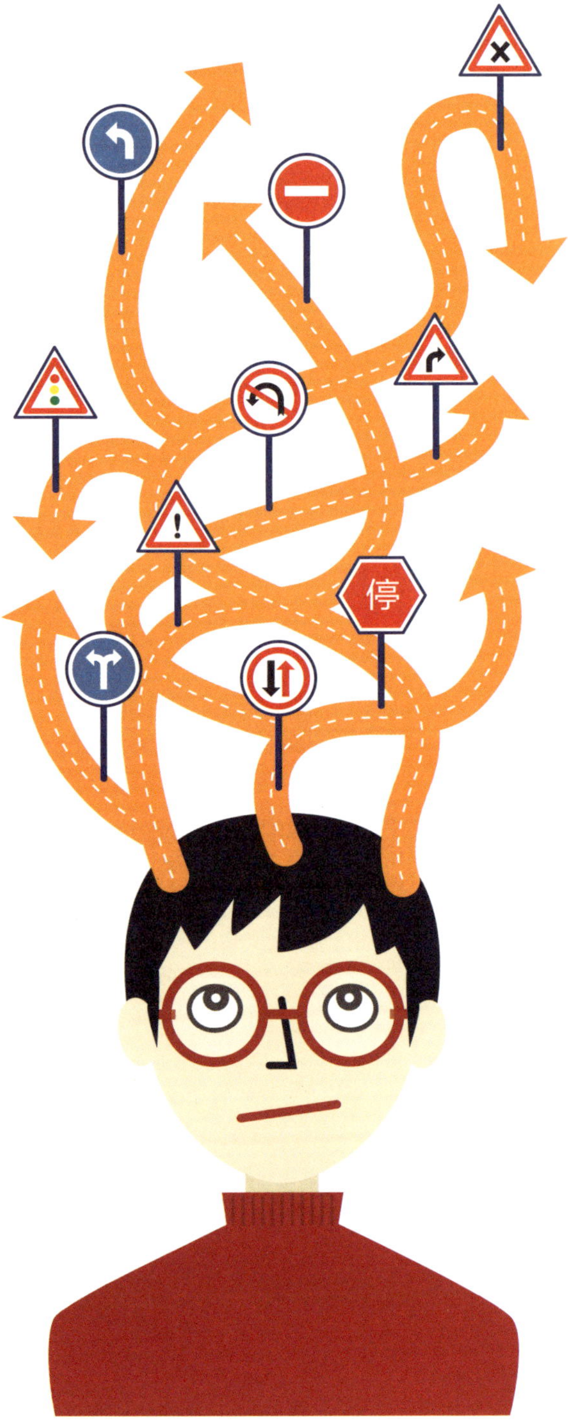

正常情况下，大脑可以提前看到一个词中的每个字，这样当把整个词读出来的时候就不会出错了。

但在诵读困难的情况下，大脑的这个提前功能就没有了。诵读困难的人会混淆相似的笔迹，他们无法轻松阅读，而且也不能够正确书写字词。幸运的是，就像眼镜可以帮助那些视力受损的人一样，对于有诵读困难的人，也有专门制作出来方便他们阅读的特殊书籍。

错误理论

真的可以从错误中学习吗？

许多伟大的思想家都问过自己这个问题，每个人都找到了不同的答案。

例如，弗兰西斯·培根曾说：“人们往往更重视自己的想法，而不是现实。”在面对所发生的事情时，我们经常会固执于自己的想法，于是，我们就会因为没有正确地理解周围的世界而犯错。

你看出来了吗？

现在考考你的观察力！

仔细观察这两张图：左边的遥控器和下面的数字序列，各有一个错误。试着找出这两个错误，看看我们的想法对我们的影响有多大。

1 2 3 4 5 6 7 8 9 10 1 12 13 14 15

你找到图中的两个错误了吗？

那么，是时候继续前进，去聆听另一位伟大思想家的教诲了。

翻到第 95 页
看看答案吧。

你来挑战一下吧！

错误与发明

著名哲学家卡尔·波普尔曾经说过：

“如果我们不敢面对那些困难到几乎不可避免会发生错误的难题，那么认知就不会更新。事实上，正是从那些最大胆的想法中，包括那些错误的想法，我们学到了更多。”

波普尔的说法在现实中得到了证实，只要看看有多少所谓的“错误”已经**变成了伟大的发明或发现**就可以啦。

青霉素

1928年，科学家亚历山大·弗莱明有一次需要出差两周，可他却犯了一个低级错误——忘记了自己实验室的桌子上还放着葡萄球菌培养基。他当然没有想到这个错误会让他发现可以拯救数百万人生命的青霉素，至今青霉素仍然是世界上使用最广泛的药物之一。当时他还以为自己犯了一个极为可恶的错误呢！然而当他回来的时候，他发现培养基被一种阻止细菌生长的霉菌污染了。真是多亏了他的这个错误，才有了这个革命性的发现！

便利贴

犯错反而变得有用的例子不仅仅可以在医学领域找到，在工业领域更是屡见不鲜。1970年，制造黏合剂的3M公司研究实验室的化学家斯宾塞·西尔弗正努力想研制一种制造超强黏合剂的配方。但却事与愿违地制造出了一种“不黏的黏合剂”，这种黏合剂无论贴在哪种表面上，都可以被轻易取下来并重新使用。西尔弗实在不知道该如何使用它，就把它放在一边了。直到四年后，他的一位同事产生了一个使用它的想法，那就是把它贴在书里做书签，用完后又可以随时取下来。正是由于这个意料之外的错误和不经意的想法，世界上最广为人知的、可重复使用的便利贴诞生了。

错误与发明

让我们一起努力成为发明家吧！正如你在前文中所看到的，这很容易，不就是犯个错误！

但你怎么才能主动犯错呢？

犯错是可以模拟的。例如，你可以找一个 0.5 升的空塑料瓶，放在你面前的桌子上，把它想象成是个完全不同的东西。

你现在可以仔细观察它，并在纸上写下除了“水的容器”之外的所有可能的用途。你犯错的初心就是根本不管这个物体最常见的用途是什么——这就变成了一次发明的机会。

让我们梳理一下吧

如果你已经读完前面所有的内容，现在读到这一部分了，那就意味着你已经获取了大量的信息。

可能有些信息你已经记住了，有些已经忘记了，还有些需要再做些练习。我可以告诉你**一些梳理信息的技巧**，这样你就可以把这些信息变成自己的想法。每当你需要整理信息的时候，这些技巧都会对你有帮助。

我们从获取信息开始，然后使用列表法和思维导图法来理清思路。

先来完成一个具体的任务吧：收藏色彩。

彩色世界

为每一种颜色收集尽可能多的物品：红色、绿色、蓝色、黑色……

你可以收集任何东西，从软木塞到记号笔，什么都可以。

把所有物品按颜色分组，并拍张照片。你的照片可以在家里、学校或者网上展出。

要想使游戏做起来更简单的话，你也可以从杂志上剪下各种不同颜色的图片。

一分耕耘，一分收获

你能记住所有你需要的信息吗？

一个记住阅读和学习内容的好方法是把它们变得**更加直观**，也就是把你要记住的内容写在纸上。但是简简单单的一张小纸片是不够的，你需要一个小便笺本，也就是一个普通的便利贴，用来做摘要。

联想

带上便利贴和一支笔，去你的房间或一个放了很多物品的房间。

在便利贴上写下每一个物品的名称。

一边写一边把便利贴粘在墙上、窗户上、壁橱门上等等。

完成后，仔细观察并根据脑海中的联想把它们分组排序。

你可以根据颜色、材质或者形状等来分组……

找到那个最离奇、最特别的关联，这样就可以训练你的大脑获取信息的能力了。

创建列表

- 列出你亲戚的名字。
- 列出你认识的动物的名字。
- 列出你在早晨上学前需要做的每件事。
- 列出所有你喜欢吃的糖果。

你知道吗，自古以来，无论是皇帝，还是达官贵人，都使用长长的**列表**来记住知识。

创建列表是存储信息的一种形式，既有助于总结，又可以进行反思。

有时候你可能会觉得自己很无聊，什么都没做或者觉得时间不够，达不到目标。要了解到底发生了什么事，你就需要**梳理一下**了。

让我们开始第一个练习吧！

哎呀，作业！

想一想那个你没能写完作业的下午。列出你离开学校后做的所有事情，列表必须简洁，每件事只用几个词来概括。

现在看看你的清单，找一找你没有写完作业的原因。你在某一项活动上花了太多时间吗？那个下午你安排了太多事情吗？原因可能有很多，列出一张清单，就可以帮助你更好地了解自己，并可以改善学习方式。

清单

我们的大脑通过各个感觉器官收集数据和信息。

倾听我们的感觉，磨炼我们的感知能力，意味着训练我们的大脑保持与我们周围世界的联系，从而更加深入地体验并享受所发生的一切。

下一个游戏将通过测试你的感官来帮助你记住信息。

怎样写清单呢？

·我建议你使用一个活页笔记本，这样你就可以随时插入新的纸张来更新清单了。

· 而且，最好使用一支可涂改的笔，这样就可以随时修正。

· 最后，虽然你也可以用电脑来收集所有的信息，但是记住，手写可以帮助你更好地记住这些信息。

我喜欢……

拿一支笔和一张纸，写下这些清单：

· 我喜欢看的书是……
· 我喜欢闻的气味是……
· 我喜欢摸的物品是……
· 我喜欢听的声音是……
· 我喜欢吃的味道是……

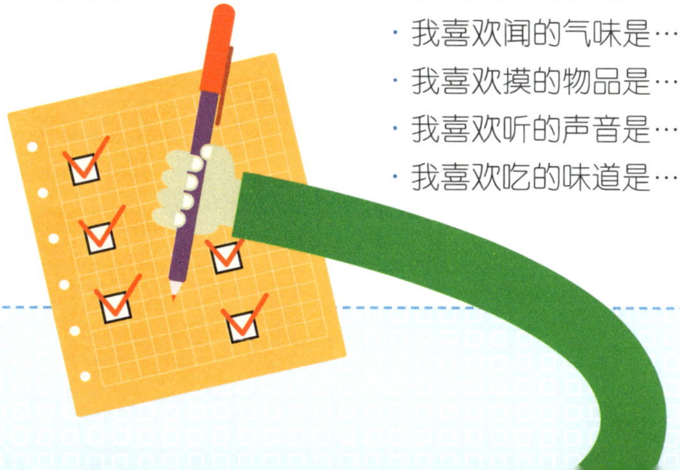

从头到尾

有了这些清单，你就可以更深入地了解自己了，也可以利用这种方法来**梳理**你在学习、阅读和观察时所收集到的信息了。

你可以在任何一个方面测试一下。

谁最老呢？

阅读下列科学家的名字：

查尔斯·达尔文

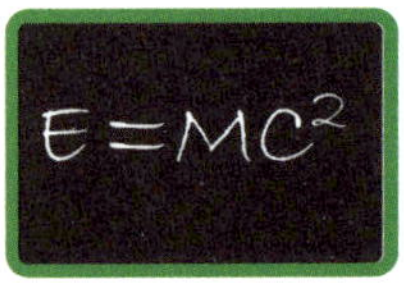

阿尔伯特·爱因斯坦

列奥纳多·达·芬奇

伽利略·伽利雷

玛格丽特·哈克

玛丽·居里

戴安·弗西

把他们按照出生日期从前到后排列。

翻到第 95 页
看看答案吧。

为了完成我们的清单之旅，你可以自己设计一些向朋友们展示的小竞赛和小游戏，主题就是创建新奇有趣的清单。你可以从在学校学到的内容开始，把顺序打乱，然后让他们按照正确的顺序排列。这能更好地帮助你们理解并记住所选主题的内容。

思维导图

我建议你做的第一个游戏是绘制一张从你家到学校的路线图。

绘制路线图就像是重新梳理我们已知的信息。

包括路线图在内的思维导图的种类有很多，它们能够**培养我们的创造力**，也是**收集创意**的最佳方法。

如何绘制思维导图

准备一支笔和一张纸，再选一个话题，比如我们来聊一聊大脑。

绘制思维导图要从中心开始：在纸的中心画一个圆，然后写下你选择的话题。

现在从圆的周围画出七条射线，就像你在图中看到的那样。

这七条射线用来确定这份思维导图的七个主题，请你为每条射线的主题找到一个形容词：你可以用列表的技巧或清单的技巧来收集这些主题，或者你也可以直接把它们写在这张图上。

很好，你已经把你的思维导图的基础部分搭建好了。

一点颜色

我们的左半球倾向于用图像和颜色将探讨内容更直观地呈现出来，这也有助于提高记忆力。

好了，到了拿起彩笔画出你的思维导图的时候了。

给每一条射线涂上不同的颜色，选择你认为最能代表你所选主题的颜色。

最后，在这个主题旁边，画一个你觉得可以表示它的图案。

现在，进入最后一个阶段，给每条射线添加分支。

从这七个形容主题的词开始确定新的分支，每个分支上再写一个新词，画一个新图案。你所写的每一个词都能让你对了解到的内容产生新联想、新联系和更深入的理解。最终的结果就是你在旁边图中看到的这样。

你已经画好了有关大脑的思维导图，它帮你用关键词梳理了与这个话题相关的所有信息。现在你只需要看着这个思维导图，就能回忆起所有的信息。

学校里也可以用思维导图

最后，我要告诉你另一个将**信息转移到长时记忆中**的技巧。这将有助于你在学校取得好成绩。

画完一张思维导图后，**好好看一看**，然后把它放在一边。

再重新画一张
思维导图。

按照脑海中的那张思维导图，把它重新画在另一张纸上，然后将其与最初的那张进行比较，看看有什么不同。

大声解释一下
你的思维导图。

现在看着你的思维导图，用那些关键词打开你的记忆抽屉，并大声解释上面所写的内容。

把思维导图先收起来，过几个小时后再重新画一遍，并且再重新给别人讲一遍。

如果
参加考试的话：

如果你要参加学校的考试，你应该**提前几天**准备好所考科目的思维导图，然后每天试着按同样的流程做一遍。

考试
结束之后：

考试结束后，你可以根据自己的需要，每周或者每两周**温习一次**。这个办法能帮助你轻松复习，并将那些信息转换成长时记忆。

你觉得充满好奇心好不好呢？

好奇心是一种不可阻挡地想要发现和了解我们周围世界的欲望，它存在于每个人的内心，是一种无法控制的本能。它能让你体验新状况、产生新想法，让你了解不同的人和地方。最重要的是，它是**健康大脑的发动机**。没有好奇心，就不会提出问题，我们也就不会去寻找答案，也就不会想出不同的解决办法，更不会有新的发现。

正因为这些原因，好奇心不仅是好的，而且是我们每天生活的**根基**。

好奇的大脑

你知道对好奇的大脑也有一个科学的解释吗？

事实证明，好奇心可以使大脑处于一种积极的状态，使我们能够**学习和存储**任何类型的信息。

当感官刺激到达大脑，神经元发出决定我们行为的信号时，大脑就完成了将好奇心转变成探索行动的过程。探索有三种类型：

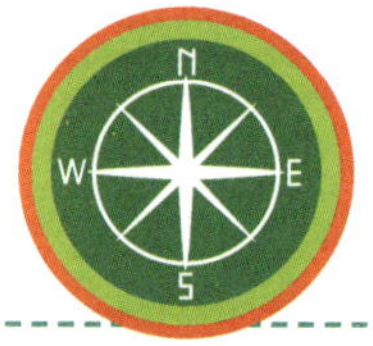

定向探索

它与我们所处空间的情况以及方向的变化有关。

运动探索

它让我们从一个地方移动到另一个地方。

侦察探索

它会觉察到变化，发现我们周围的某种特殊情况。

让我们来尝试一下侦察探索。

德·赛韦利斯警长破案啦 • 窗户的秘密

德·塞韦利斯警长搞明白了，这四个人中唯一一个没有说实话的孩子就是他要找的那个打碎玻璃的人。你也试试找出他是谁吧。

翻到第 95 页，看看答案吧。

读图能力

你会阅读吗？我希望如此，因为你已经读到这里了。人们可以随时随地阅读，大脑总是时刻准备好掌握阅读的新内容和新方式。

你“阅读”过一张照片或一幅画吗？

我要告诉你一个秘密：要想弄明白一幅图所要传递的信息，**文字并不是必要的**。

只要有好奇心，你就可以训练大脑去读一张照片或一幅画，这就是我们下面要一起做的。这是一个非常有用的练习，因为视觉刺激比其他感官刺激更容易在大脑中留下印记。

照片会说话

找一张有很多人的家庭合影，最好照片上的人你都不认识。你可以在杂志上或在网上找，只要这是一张几十年前的老照片，而且是全身照就行。

仔细观察每个细节，讲一讲隐藏在照片中的那个久远的“世界”——这些人是谁，他们在想什么，他们在做什么。

现在，你拿一张纸遮住他们的脸，只专注于他们的衣服，试着问自己和前面一样的问题。最后，再把衣服都遮上，只看他们的脸，跟你之前想象的有什么不同吗？

只要稍加训练，你读照片的能力就会越来越棒，就能够解读隐藏其中的那些故事了。

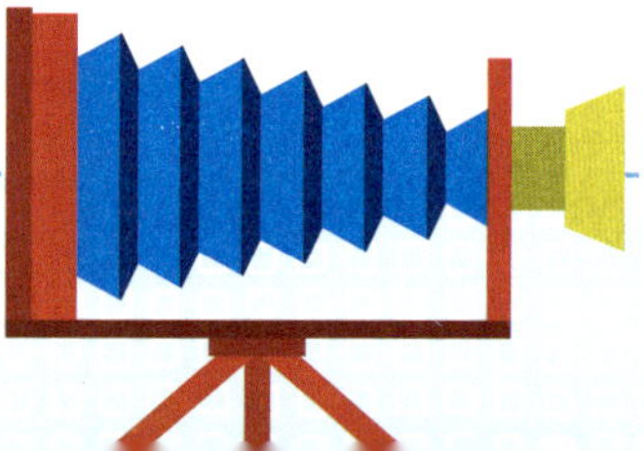

重新创作

在意大利的西西里岛，“Che vucciria”这句话的意思是“多么混乱啊”，但它也是西西里岛首府巴勒莫最著名的一个乡村市场的名字。Vucciria（弗西利亚）还是画家雷纳托·古图索的一幅著名画作的名字，这幅画描绘的是巴勒莫市场（就是下面这幅画）。

这幅画真的什么都有：从鱼到水果，从卖家到顾客，而且几乎都能想象出他们在说什么。

而你要做的就是，拿一张纸和一支笔看着这个画面，尝试写出一个故事，并写出人物之间的对话。

现在从网络上搜索一下这幅画，把它打印出来，再仔细观察。然后把它剪开，剪成一小块小一块的碎片。最后，在另一张纸上，根据某一个共有的标准（颜色、类别等）把这些碎片重新分组。让你的好奇心引领着你，从一个新的视角重新创作这幅画吧！

大脑综合训练计划表

就像在任何一个专业的健身房一样，训练大脑，也需要一张写着要做的练习和活动的时间表。你可以每天训练，每项技能只需要做一个小练习。

记忆

点

你有一分钟的时间来仔细观察下面这几个多米诺骨牌，然后用一张纸把它们盖住，按照点数相同的两面接排在一起的原则排列它们，请写出这几块多米诺骨牌的排列顺序。

逻辑

多彩的脑袋

马努埃拉有20顶帽子，都是绿色、紫色、红色和黄色这四种颜色之一。

已知：

有 17 顶帽子不是绿色的，

有 5 顶帽子是红色的，

有 12 顶帽子不是紫色的，

那么，有多少顶帽子是黄色的呢？

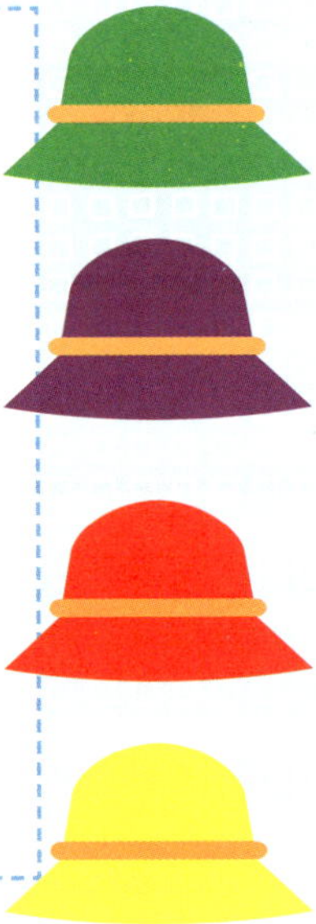

专注

好多蓝色的泡泡

和达里奥一起潜水吧，你能数出多少个泡泡呢？

翻到第 95 页
看看答案吧。

观察

真正的亚瑟王

为了征服卡梅洛特城堡，敌人派出了四位冒牌亚瑟王，找出那位真正的亚瑟王吧。

观察

太空漫步

这两名宇航员看上去好像一模一样，但其实他们有 9 处不同，找出这些不同之处吧！

研究

真饿呀！

把下面食物名字的第一个字的首字母按照字母表的顺序连起来，然后看一看，你写出了哪个数字呢？

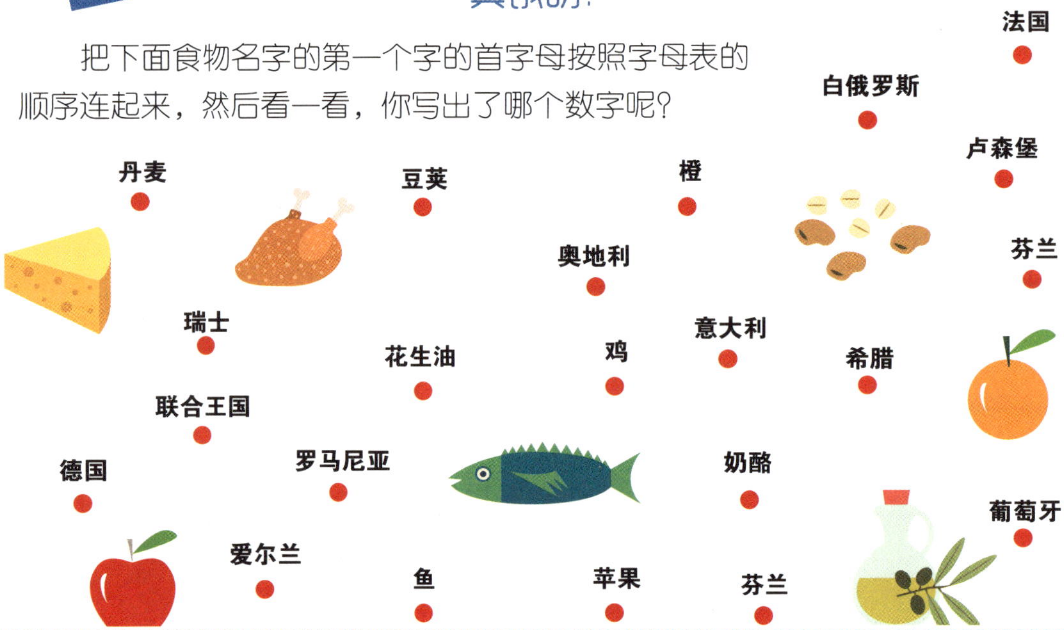

记忆

动物字母表

用一分钟的时间，观察左边的动物，记住与每种动物对应的字母。用一张纸遮住左边，试着读出右边这些动物组成的英文单词。

翻到第 95 页
看看答案吧。

专注

探索者

下面这些物品，每种都有一个，但有些物品例外：有两种物品，可以找到两个，还有一种，可以找到三个。那么，它们分别是什么呢？

现在你来搜寻一下这几种东西吧！

答案

来看看你答对了吗？

每个大脑都不同 P.9

人类	1400 克
狒狒	140 克
猴子	100 克
骆驼	680 克
海豚	1700 克
袋鼠	56 克
猫	30 克
兔子	6 克
青蛙	0.1 克

只有刚出炉的时候才会烫手！P.27

只有刚出炉的时候才会烫手！
（面包）
不是葱不是蒜，一层一层裹紫缎。
（洋葱）
本来一大片，变成条条线，是线不做衣，碗里常常见。
（挂面）
红红果子棍上挂，外裹糖霜味道佳。
（冰糖葫芦）
圆圆瓷瓶黄又黄，红红珠宝肚里装。
（石榴）
脱了红袍有白衣，白衣下面黑胖子。
（荔枝）
一把刀，顺水漂。有眼睛，没眉毛。
（鱼）

魔术师的扑克牌 P.56

简单地说，第二组扑克牌中没有与第一组重复的牌，它们看上去是相似的，但没有一张是相同的！

神奇的阴影 P.57

物体离眼睛的距离改变了我们的视野。到达大脑的信息只是虚幻的，虽然看起来紫色的阴影在扩大，但实际上它只是一种感知：我们欺骗了大脑。

隐藏的秘密 P.57

把书拿起来，倾斜，视线几乎与书平行，你会发现你的大脑最终会发现这个单词：allenamente（训练）

孤独的它 P.62

猴子。

骑士的剑 P.62

深蓝色的剑。剑从下到上的顺序是这样的：浅绿色、粉色、黄色、红色、蓝色、蓝绿色、橙色、深绿色、紫色、深蓝色。

找不同 P.63

开锁 P.63

蓝色的钥匙。

足球比赛 P.68

1. 尤文图斯队；2. 那不勒斯队；3. 米兰队；4. 巴勒莫队；5. 卡利亚里队。

考试 P.68

弗朗西斯科 8 分；克莱尔 7 分；乔瓦娜 6 分；玛丽亚 5 分；爱丽丝 4 分。

超级英雄 P.69

1. 超鼓肚；2. 超强脑；3. 超级猫；4. 超神速。

生活与数学的联系 P.71

答案是：11。

在实际生活与抽象规律之间建立关系 P.71

保罗长得很矮小，他够不到电梯 20 楼的按钮，但下雨时他可以用伞按按钮。

来看看你答对了吗？

横向思维之重量 P.71
原因可能是，尽管这些箱子的大小相同，但里面装的书籍的数量较少。但你可以再找一找更多其他可能的原因，并与朋友们分享。

横向思维之词语 P.71
这个游戏可以有不同的答案，可以是“男人”这个词，这是唯一的男性，也可以是“童话”这个词，这是唯一的抽象词。你再找找其他的答案吧，只要能让人信服就行。

你看出来了吗？ P.75
在数字的序列中，本该 11 的位置上是 1。遥控器上 8 和 0 的按钮颠倒了。

谁最老呢？ P.82
列奥纳多·达·芬奇，伽利略·伽利雷，查尔斯·达尔文，玛丽·居里，阿尔伯特·爱因斯坦，玛格丽特·哈克，戴安·弗西

（玛格丽特·哈克：1924 年生，意大利知名天体物理学家。
戴安·弗西：1932 年生，美国知名动物学家，以对大猩猩的研究和保护而闻名。）

窗户的秘密 P.87
为了找到打碎玻璃的人，我们必须试着推导一下所有的可能：
A）如果卡洛在撒谎，那么他就是打碎玻璃的人。不过，这意味着达里奥和沃尔特也撒谎了。因为只有一个人说了谎，所以卡洛说的是实话。
B）达里奥和沃尔特不可能都说实话，因为只有一个人踢的球打碎了窗户。
C）那么就是达里奥和沃尔特中有一个人撒谎了。如果达里奥说了谎，沃尔特说了实话，那么达里奥是打碎玻璃的人。但这样阿尔弗雷多也撒谎了，可我们都知道，四个人中只有一个人没有说实话。
所以现在我们知道是沃尔特撒谎了，达里奥说了实话：阿尔弗雷多是打碎玻璃的人。

点 P.90
顺序是：绿色，橙色，蓝色，紫色，粉色。

多彩的脑袋 P.90
黄色的帽子有 4 顶。
绿色的帽子有20减17，即3顶。
紫色的帽子有 20 减 12，也就是 8 顶。
红色的帽子，我们已经知道了，有 5 顶。

好多蓝色的泡泡 P.91
37 个。

真正的亚瑟王 P.91
是左下角的那位。

太空漫步 P.92

真饿呀！ P.92
答案：写出的数字是 5。
橙（Cheng）豆荚（Dou）花生油（Hua）鸡（Ji）奶酪（Nai）苹果（Ping）鱼（Yu）
C–D–H–J–N–P–Y

动物字母表 P.93
这些单词是：关怀（care）、姓名（name）、照相机（camera）、海军士兵（marine）、讨论会（seminar）。

探索者 P.93
有两把叉子，两把钥匙和三块多米诺骨牌。